RENNFLUGZEUGE

RENNFLUGZEUGE

Philip Handleman

AVIATIC VERLAG

Widmung

Meinen Eltern

Der Autor

Philip Handleman verbindet eine lebenslange Liebe mit der Luftfahrt. Seit seinem ersten Flug in einer Piper Cub im Alter von zwölf Jahren hat er standhaft sein Interesse an Flugzeugen und der Fliegerei verfolgt. Seit über 25 Jahren hat er eine Piloten-Lizenz und fliegt zur Zeit zwei eigene Ex-Militär Maschinen, darunter ein Boeing Stearman Doppeldecker mit offenem Cockpit.

Als Autor von neun vorangegangenen Luftfahrtbüchern und einigen Dutzend Artikeln zu diesem Thema ist Handleman eine anerkannte Autorität auf diesem Gebiet. In vielen Jahren hat er eine hervorragende Sammlung von Flugzeug-Fotografien zusammengetragen und ist außerdem Präsident der Handleman Filmworks, einer TV Produktionsgesellschaft, die für ihre hoch angesehenen Dokumentationen bereits mit Preisen ausgezeichnet wurde. Er und seine Frau Mary leben teils in ihrem Haus in Birmingham, Michigan und auf ihrem privaten Flugplatz in der Umgebung.

Danksagungen

Ohne die erfreuliche Zusammenarbeit der offiziellen Rennorganisationen, der Reno Air Racing Association, Inc. und der Superstition Racing Corporation wäre diese Arbeit nicht möglich geworden. Zu tiefstem Dank verpflichtet fühle ich mich den Medienmanagern der Reno und Phoenix Luftrennen, Zach Spencer, bzw. Dave Lenzen, für ihre unschätzbare Unterstützung. Die Washoe Jeep Squadron in Reno, ein zusammengewürfelter, aber hochmotivierter Rettungsdienst verdient Dank für einen zuverlässigen Pendeldienst zwischen den Pylonen, den sie einem manchmal recht anstrengenden Pessekorps zur Verfügung stellten.

Den größten Beitrag zu diesem Buch leistete meine Frau Mary. Als Rückenschmerzen meine Fotoarbeiten zu unterbrechen drohten, trug sie ohne Zögern eine ganze Ladung Kamera-Ausrüstung. Später, als andere Formen von Schwierigkeiten auftraten, bot sie Trost und Ermutigung. Mary zeigt mir immer den richtigen Kurs, im Leben wie im Flugzeug.

Anmerkungen des Autors

Mit Ausnahme weniger gestellter Aufnahmen von Piloten und Mannschaften mit ihren Flugzeugen, sind alle Fotografien in diesem Buch Schnappschüsse. Es gibt sicher ein Interesse an zuvor arrangierten Bildern von schönen und interessanten Flugzeugen, die hier enthaltenen Aufnahmen jedoch bieten, mit Ausnahme der oben genannten, allesamt einen authentischen Einblick in moderne Luftrennen.

Die Geschwindigkeitsangaben für die Rundstrecken-Rennen sind im Allgemeinen die Durchschnittsgeschwindigkeiten, welche die Flugzeuge während eines Rennens erreichten. Da ein Flugzeug, das um einen solchen Kurs fegt, auf den Geraden schneller ist und für jede der zu absolvierenden Runden in der Regel eine andere Zeit braucht, wird die Gesamtleistung am besten durch die Durchschnittsgeschwindigkeit wiedergegeben. In diesem Buch sind die Geschwindigkeiten daher, wenn nicht anders bezeichnet, Durchschnittsgeschwindigkeiten.

Die englischsprachige Originalausgabe ist 1996 bei Airlife Publishing Ltd., Shrewsbury, England, unter dem Titel *Speedsters* erschienen.

ISBN 3-925505-63-6

Übersetzung: Jörg Benfer
Satz: makengo studios, münchen
Druck und Bindung: BAWA Print & Partner, München

Fotos

TITELBILD:
Eine Möglichkeit dem Torque-Effekt vorzubeugen ist hier an der Maschine von Don Whittington zu sehen. Diese modifizierte P-51 ist mit einem Rolls-Royce Griffon Triebwerk und zwei gegensinnig drehenden Propellern ausgerüstet. Dieses hervorragende Rennflugzeug gewann das "Pro" Silber-Rennen in Phoenix 1995 mit einer Geschwindigkeit von 614,22 km/h und das Silber-Rennen in Reno im selben Jahr. Don Whittington hat auf den Sieg in Reno verzichtet und durfte anstelle dessen am Gold-Rennen teilnehmen. Dabei wurde er Sechster mit einer Geschwindigkeit von 628,24 km/h. In der Offenen Klasse müssen die Flugzeuge ständig verbessert werden, damit die Veranstaltungen nicht zu einem langweiligen Aufguß des Vorjahres werden. *(Reno, 1995 & Phoenix, 1995)*

SEITE 2 UND 3:
Ein „Luftkampf" von Pitts Special Doppeldeckern. Vorne ist Ole Yeller, geflogen von Flugkapitän i. R. Ray Kraspovich aus Arvada, Colorado. Direkt dahinter My Pitts, geflogen von Levin Scully, einem Flugkapitän der South African Airlines. Scully schnitt in Reno 1995 erstaunlich gut ab, obwohl es seine erste Teilnahme war. Der Gewinner des Doppeldecker-Rennens in Reno 1995 mit einer Geschwindigkeit von 325,22 km/h [202,124 mph] war Patti Johnson, eine Kunstflug-Lehrerin aus Edgewater, Florida. 1993 wurde sie auf ihrer Mong Full Tilt Boogie die erste Frau, die eine Meisterschaft in einer Rennklasse gewann. Damit setzte sie in bewundernswerter Weise eine Tradition fort, die von Pilotinnen wie Laura Ingalls, Louise Thaden, Elinor Smith, Pancho Barnes, Jacqueline Cochrane und Amelia Earhart begründet wurde. *(Reno, 1995)*

HINTERER EINBAND:

Oben
Die "Snowbirds" der kanadischen Luftstreitkräfte feierten 1995 ihren 25. Geburtstag und zeigten mit ihren *Canadair CT-114 Tutor* Formationsflüge in höchster Präzision. *(Reno, 1995)*

Unten links:
Diese Replika der *Gee Bee R-2* erinnert an die 30er Jahre, als Jimmy Doolittle in einer *Gee Bee* bei den Rennen um die Thompson Trophy in Cleveland einen neuen Geschwindigkeits-Rekord aufstellte. *(Reno, 1995 & Reno, 1994)*

Unten rechts:
Die knallrote *Cassutt Scarlet* beim Umrunden eines der Pylone. Der Pilot blickt aufmerksam nach links in die Kurve, um die Wendemarke so nah wie möglich umfliegen zu können. *(Reno, 1995)*

Einführung

Solange ich denken kann, waren Luftrennen ein integraler Bestandteil meines Lebens. Zu meinen ersten Jugenderinnerungen gehört ein bezaubernder Platz, wo schneidige Piloten in wunderschön lackierten Doppeldeckern und kompromißlos stromlinienförmigen Eindeckern zur Freude der begeisterten Zuschauer um einen mit kegelförmigen Markierungen versehenen Kurs jagten. Das Einzigartige an diesen Erlebnissen war ihre Authentizität, da sie mir aus erster Hand von einem Teilnehmer vermittelt wurden.

Vermutlich war es eine Laune des Schicksals, daß die Familie meiner Mutter nach Cleveland, Ohio zog, in die malerische Siedlung von Berea. Großvater Harry, ein außergewöhnlich würdevoller Mann, war der Friseur der Stadt, und Großmutter Anna, eine Hüterin traditioneller Werte, war mit dem unaufhörlich wachsenden Haushalt beschäftigt. Von den Kindern war meine Mutter das einzige Mädchen. Es war daher nur natürlich, daß sie sich zu einem Wildfang entwickelte und eine stürmische Jugend verlebte.

Mit dem Herannahen des Herbstes, wenn sich die ersten Blätter bunt färbten, und ein frischer Wind über das Land wehte, freute sich meine Mutter, denn sie wußte, daß die Luftrennen kommen würden. Mit anderen gleichgesinnten Kindern aus der Nachbarschaft spazierte sie zum nahegelegenen Flughafen und kletterte über den Zaun. Dort wurden sie Zeugen des größten Luftfahrt-Ereignisses der Geschichte.

Bis zu ihrem Tode behielt sie das Bild ihres Lieblings-Piloten, des verwegenen Roscoe Turner, in lebhafter Erinnerung. So viele Nächte erzählte sie mir von den wunderbaren Zeiten, die sie bei den Luftrennen erlebt hatte. Für sie war es, als sei ein Märchen wahr geworden.

Als sie erwachsen wurde, arbeitete sie auf diesem Flughafen und lernte dort meinen Vater kennen. Sie heirateten und zogen weg, aber Erinnerungen an Cleveland brachten ihre Augen immer zum Leuchten.

Heute, wenn ich auf dem Vorfeld von Reno Stead, oder "Willie" [die ehem. Williams Air Force Base in Arizona; Anm. des Übersetzers] stehe und Jugendliche sehe, die aufmerksam die Rennmaschinen verfolgen, wie sie in halsbrecherischer Geschwindigkeit die Pylone umrunden, dann nehme ich an, daß sie die Spannung, die Freude und die Eindrücke von den prachtvollen Flugzeugen und ihren Piloten ebenfalls an ihre Kinder weitergeben werden.

Inhalt

Wenn man einen Austragungsort für Luftrennen suchen würde, wäre Reno der ideale Platz. Eine Meile über dem Meeresspiegel, gesegnet mit der klaren Wüstenluft und weit weg von überfüllten Ballungszentren, ist es ein hervorragender Ort für Rundstrecken-Rennen. Leuchtend bemalte Pylone markieren die Rennstrecke.
(Reno, 1995)

Jedes Jahr zu den Luftrennen in Reno erlebt die aussterbende Kunst der Himmelschreiber eine Wiederauferstehung. Mit einer Travel Air erfüllen Steve Oliver und seine Frau Suzanne Ashbury-Oliver den leuchtenden Morgenhimmel mit Grüßen an die Rennfans. Dabei wird biologisch abbaubarer Rauch in den Auspuffrohren des Vorkriegs-Doppeldeckers erzeugt, mit dem präzise und elegante Buchstaben in den Himmel geschrieben werden können. Die Aufgabe erscheint leicht, dank der hervorragenden Piloten, die von einem Limonaden-Hersteller unterstützt werden, dessen Name häufig neben dem Schriftzug erscheint. *(Reno, 1994)*

Kapitel 1
Luftrennen, gestern und heute

Zweifellos entstanden die ersten Wettrennen in der Luft, als die ersten ehrgeizigen Piloten wissen wollten, wer der schnellere von ihnen sei. Aber erst sechs Jahre nach dem Erstflug der Gebrüder Wright mit einem steuerbaren Luftfahrzeug schwerer als Luft fand das erste organisierte Luftrennen statt.

Ausgerichtet durch die Aero-Clubs von Frankreich, England und den Vereinigten Staaten fand diese erste Luftrenn-Veranstaltung außerhalb von Paris, in der Gegend von Reims statt. Man nannte sie "La Grande Semaine d'Aviation" (Die große Woche der Luftfahrt) und eine unglaubliche Anzahl von Zuschauern versammelte sich an jedem Tag dieser Woche im August 1909.

Obwohl die Anzahl der auf dem Flugfeld herumliegenden Wracks der zerbrechlichen Holz- und Stoffflugzeuge ständig zunahm, konnte dies den Mut der Piloten nicht erschüttern. Am letzten Tag gewann Glenn Curtiss, der einzige teilnehmende Amerikaner, den begehrten James Gordon Bennett Cup auf seiner "Reims Maschine" mit einer Durchschnittsgeschwindigkeit von 76,67 km/h [47,65 mph]. Dabei unterbot er den Zweitplazierten, den berühmten Franzosen Louis Blériot, um lediglich 5,4 Sekunden. Dies war die Geburtstunde der organisierten Luftrennen.

Die Luftfahrt, immer noch in ihren Anfängen, sollte bald Transport, Handel und Kriegswesen revolutionieren. Doch damals waren offensichtlich noch Fortschritte in der Luftfahrtforschung nötig, wenn man die Möglichkeiten des Flugzeugs ausschöpfen wollte. In dieser Erkenntnis unterstützten gewisse wohlhabende Personen die Luftfahrt, indem sie die Siegesprämien von Luftrennen stifteten. Der Fortschritt, so glaubte man, würde sich durch Förderung des Wettbewerbs einstellen.

Das Rennen um den Gordon Bennett Cup wurde eine jährliche Veranstaltung, wobei der Austragungsort zwischen den Heimatländern der drei Aero-Clubs wechselte. Die Geschwindigkeiten stiegen ständig, und 1912 erreichte Jules Vedrines in Chicago erstmals eine Durchschnittsgeschwindigkeit von 100 Meilen pro Stunde [160,9 km/h]. Er flog dabei einen aerodynamisch sehr günstig gestalteten Eindecker von Deperdussin.

In den Jahren des Ersten Weltkriegs wurde der Wettbewerb abgesagt und als er im Jahre 1920 in Estampes, Frankreich fortgesetzt wurde, waren die unglaublichen Fortschritte der Kriegsjahre offensichtlich. Durch die Anforderungen des Krieges waren die Leistungen drastisch gestiegen. Die Franzosen gingen aus dem Krieg als führende Luftfahrt-Nation hervor und bei den Luftrennen waren sie durch ihre neuesten Jagdflugzeuge vertreten.

Die amerikanische Luftfahrt-Industrie hingegen war zurückgefallen und hatte nicht eine einzige brauchbare Militär-Maschine aus heimischer Produktion. Aber die USA hatten eine Fülle von Neuerscheinungen und so waren die Maschinen der amerikanischen Teilnehmer des Jahres 1920 ein Abbild der Kreativität ihrer Konstrukteure. In den folgenden Jahren wurde die Fähigkeit zur Innovation ein Schlüssel zum Erfolg bei Luftrennen.

In diesem Jahr erfreute sich der Teilnehmer des U.S. Army Air Service, eine Verville VCP-1 Scout, eines deutlichen Leistungsvorsprungs, da ihr Serientriebwerk durch einen 638 PS starken Packard V-12 ersetzt worden war. Außerdem baute die Firma Curtiss ein Rennflugzeug im Auftrag eines Öl-Magnaten. Dieses Flugzeug mit dem Namen "Texas Wildcat" zeichnete sich durch ein in die Nähe des Leitwerks zurückversetztes Cockpit aus.

Der futuristischste Teilnehmer war der Dayton-Wright RB-1 Renner, der einzige Eindecker im Feld. Sein Tragflügel war völlig freitragend, wobei die Innenflächen aus einem Balsaholz-Gitter bestanden. Durch Absenken der gelenkig gelagerten Vorder- und Hinterkante konnte die Wölbung des Flügels über die gesamte Spannweite verändert werden. Die eigens für dieses Rennen gebaute Maschine hatte zudem, erstmalig bei Rennflugzeugen, ein einziehbares Fahrgestell. Zur Minderung des Widerstandes war der Rumpf in Schalenbauweise ziemlich schmal gehalten und es gab keine Sichtmöglichkeit nach vorne. Der Pilot mußte daher seinen Kopf durch ein seitlich angebrachtes Schiebefenster strecken.

Die Dayton-Wright wurde mit 321,8 km/h [200 mph] gestoppt, schied aber mit einem gerissenen Seitenruderseil vorzeitig aus dem Rennen aus. Ähnlich erging es der Curtiss, die in den Vorläufen sogar 345,94 km/h [215 mph] erreichte, aber bereits vor dem eigentlichen Rennen abstürzte. Die erfolgversprechende Verville Scout mit ihrem frisierten Motor mußte wegen mechanischer Probleme ebenfalls aufgeben.

Die Gewinnerin des Rennens war eine Nieuport, mit einer Durchschnittsgeschwindigkeit von 271,12 km/h [168,5 mph]. Dieses letzte Rennen um den Gordon Bennett Cup machte deutlich, daß Geschwindigkeit alleine noch keinen Sieg garantiert. Es wurde klar, daß aerodynamisch verbesserte Muster mit stärkeren Motoren die Erfolgschancen zwar steigern, aber andere Faktoren wie Festigkeit der Struktur und Fähigkeit der Piloten ebenso wichtig sind.

Nachdem er erkannt hatte, daß sich die Möglichkeiten des Flugzeugs durch Einsätze auf dem Wasser deutlich erweitern ließen, rief der wohlhabende Franzose Jacques Schneider wenige Jahre nach der ersten Flugwoche von Reims einen internationalen Wasserflugzeug-Wettbewerb ins Leben. Der erste Wettbewerb um den Schneider-Pokal fand im April 1913 in Monaco statt. Die Geschwindigkeit des Siegers betrug nur 73,61 km/h [45,75 mph]. Es gab noch ein weiteres Rennen, ehe der Krieg auch diesen Wettbewerb unterbrach. Nach dem Konflikt wurde er in jährlicher Folge von dem Heimatland des Vorjahres-Siegers ausgetragen. Die Erkenntnisse, die bei diesen Rennen gewonnen wurden, hatten insofern praktischen Wert, als sie Verwendung in den Entwürfen der Militär-Maschinen des Ersten Weltkriegs fanden. Diese unheilverkündende Praxis sollte sich später noch einmal wiederholen.

In den 20er Jahren gab es eine neue Serie von Wettbewerben um den Schneider-Pokal mit farbenfrohen Wasserflugzeugen aus den USA, Frankreich, England und Italien. Die Geschwindigkeiten der Sieger stiegen ständig über die Jahre, aufgestellt von wunderschönen Flugzeugen auf bauchigen Schwimmern, an der Spitze die Macchi M.39 und die Curtiss R3C-2.

1931 war England führend in der Konstruktion von Wasserflugzeugen mit der Supermarine S.6B. Angetrieben von einem Rolls-Royce "R" Triebwerk gewann sie den Schneider-Pokal auf Anhieb für Großbritannien. Vor der Küste von Lee-on-Solent erreichte Leutnant J. H. Boothman mit seinem Renner einen neuen Streckenrekord von 547,22 km/h [340,1 mph]. Sein Wasserflugzeug war ein Vorläufer der legendären Spitfire, die eine entscheidende Rolle in der Luftschlacht um England spielen sollte. Außerdem wurde aus dem Triebwerk der Maschine der hervorragende Merlin entwickelt, der Motor der Spitfire.

Zwei Jahre nachdem der Schneider-Cup endgültig an England gegangen war, wurde der Geschwindigkeitsrekord für See- (und Land-) Flugzeuge von der Macchi-Castoldi MC.72 gebrochen. Diese geniale Konstruktion hatte zwei gekoppelte Motoren in Tandem-Anordnung in einem verlängerten Rumpfbug, die ein Paar gegenläufig drehender Propeller antrieben. Die MC.72 erreichte die erstaunliche Geschwindigkeit von 707,96 km/h [440 mph] auf einer geraden Strecke von 3 km Länge. Dieser Rekord wurde zwar 1939 von einem Landflugzeug gebrochen, für Wasserflugzeuge besteht er aber bis auf den heutigen Tag.

In den Folgejahren des Ersten Weltkriegs war selbst für jene, die das Flugzeug anfänglich für eine technische Kuriosität gehalten hatten, offensichtlich, daß es eine Erfindung von weitreichender Bedeutung war. In diesem sich rasch entwickelnden Hochtechnologie-Sektor die Führung zu haben wurde ein wichtiges nationales Ziel Amerikas.

Ralph Pulitzer, ein Sprößling der berühmten amerikanischen Verleger-Familie, stiftete einen neuen, jährlich auszutragenden Geschwindigkeits-Wettbewerb, der den Namen seiner Familie tragen sollte. Die Rennen um die Pulitzer-Trophäe, vorgestellt im Jahre 1920, waren offen für Teilnehmer aus allen Nationen.
Ausgetragen in Städten verteilt über das ganze Land, wie Omaha, Detroit, St. Louis (die Geburtstätte der Pulitzer-Dynastie), Dayton und auf Long Island, New York, brachten sie die Begeisterung für Luftrennen ins Kernland der Vereinigten Staaten.
Ein Trend zeichnete sich ab, als Bert Acosta 1921 den Preis in einer Curtiss R-1 gewann. Mit Ausnahme von zweien wurden alle sechs Rennen um die Pulitzer-Trophäe von Flugzeugen aus dem Hause Curtiss gewonnen. Ihre schlanken Rümpfe mit den kräftigen, wassergekühlten 12-Zylinder Motoren kündigten die Reihe der berühmt gewordenen Curtiss Hawk Jagdflugzeuge bereits an.

Beim letzten Rennen, 1925, wurden Geschwindigkeiten von mehr als 402,25 km/h [250 mph] erreicht, ein neuer Rekord für Rundstrecken-Rennen. Das Militär, welches die speziell für diese Rennen entworfenen Curtiss Maschinen subventioniert hatte, entschied danach, seine Unterstützung einzustellen, was das Ende der Rennen um die Pulitzer-Trophäe bedeutete.

Die National Air Races begannen im darauffolgenden Jahr, als die National Aeronautics Association, der offizielle Aero Club der Vereinigten Staaten, mehrere kleinere, über das Land verstreute Rennen zu einer Veranstaltung zusammenfaßte. Als Austragungsort wurde Philadelphia gewählt und der Hauptpreis war eine Trophäe des Kansas City Rotary Clubs. Im ersten Jahr ging der Preis an einen Piloten der Marine, der mit der neuen Boeing FB-3 geflogen war. Da dies ein Jagdflugzeug aus der Serienproduktion war, blieb seine Geschwindigkeit mit nur 290,42 km/h [180,495 mph] deutlich geringer als die Geschwindigkeit des Siegers im Rennen um die Pulitzer-Trophäe des Vorjahres.

Einige Jahre zuvor wurde es Brauch, daß die Piloten der First Pursuit Group [Erste Jagdgruppe] der Armee in einem Rennen untereinander antraten, bei dem sie identische Jagdflugzeuge flogen. Benannt in Erinnerung an John L. Mitchell, den verstorbenen Bruder des späteren Verfechters mächtiger Luftstreitkräfte, William "Billy" Mitchell, war dieses Rennen immer sehr ausgeglichen und daher spannend zu verfolgen, obwohl keine Geschwindigkeitsrekorde gebrochen wurden. Die Mitchell Trophy Races fanden zusammen mit den größeren Luftrennen statt.

Die National Air Races des Jahres 1927 wurden in Spokane, Washington abgehalten. Wie vorhersehbar, dominierte das Militär mit einer modifizierten Curtiss Hawk XP-6A auf dem ersten Platz mit einer Durchschnittsgeschwindigkeit von 323,79 km/h [201,239 mph]. Der höchste Preis war die Spokane Spokesman-Review Trophäe.

Im nächsten Jahr fand ein für alle Bewerber offenes, vom Militär ausgerichtetes Rennen auf dem Mines Field (heute: Los Angeles International Airport) bei Los Angeles statt. Im zukünftigen Mekka der Luftfahrt gewann die neue Boeing XF4B-1 der Navy mit einer Geschwindigkeit von nur 277,17 km/h [172,26 mph] das Rennen der Militärs. Der getrennt abgehaltene Wettbewerb der Zivilisten wurde von der brandneuen Lockheed Vega, einem Serienflugzeug, gewonnen, die dafür die Trophäe der Detroit News erhielt. Während der Airshow, die im Rahmen dieser Veranstaltung stattfand, wurden von den Three Musketeers der Armee und den Three Sea Hawks der Navy fantastische Flugvorführungen gezeigt.

1929 fanden die National Air Races zum ersten Mal in Cleveland, Ohio statt. Diese erfolgreiche Veranstaltung war ein Vorbote für die Dinge, die folgen sollten. Hunderttausende kamen um die Rennen zu sehen und die zivilen Teilnehmer waren, im Unterschied zu jenen der vergangenen Jahre, bezüglich ihrer Leistung wirklich konkurrenzfähig zu den besten militärischen Jagdflugzeugen. Ein flotter Tiefdecker der Firma Travel Air aus Wichita, Kansas, das Modell R "Mystery", überflog die Ziellinie als erstes mit einem komfortablen Vorsprung vor einer Curtiss P-3A Hawk der Armee.

Unternehmerische Erfinder rissen die Initiative an sich und produzierten Flugzeuge mit besseren Leistungen als die der vom Kriegs- und Marineministerium erworbenen. Diese Tatsache wurde bei den National Air Races in Chicago 1930 unübersehbar, als die Rennflieger-Legende Charles "Speed" Holman mit dem Doppeldecker Laird "Solution" und einer Durchschnittsgeschwindigkeit von über 200 mph [321,8 km/h] siegte. Damit gewann er gleichzeitig die erste Thompson Trophy, gestiftet von Thompson Products (heute TRW, Inc.).

1931 zogen die National Air Races wieder um nach Cleveland, wo sie, mit Ausnahme zweier Jahre in Los Angeles, in diesem Jahrzehnt auch bleiben sollten. Moderne Luftrennen haben dort ihren Ursprung. In zunehmendem Maße sollten Einzelstücke, speziell für diesen Zweck gebaut oder modifiziert, die zeitgenössischen Jagdflugzeuge übertreffen. Die Thompson Trophy wurde ein Symbol für die Möglichkeiten der Luftfahrttechnik, und die unerschrockenen Piloten mit ihren fantastischen Rennmaschinen faszinierten das Publikum.

Im selben Jahr stiftete der Industrielle Vincent Bendix eine Trophäe für einen Wettbewerb quer durch die USA. Die meisten dieser Rennen waren Flüge von Burbank, Kalifornien, nach Cleveland. Der erste Empfänger der Bendix Trophy war kein geringerer als der hervorragende Jimmy Doolittle mit einer Laird "Super Solution". Die Leistungen dieser Wagemutigen spendeten einen Schimmer Hoffnung auf bessere Zeiten für eine darnieder liegende Nation, die unter der Weltwirtschaftskrise zu leiden hatte.

Im Gegensatz zu den Rundstrecken-Rennen nahmen an den Wettbewerben um die Bendix Trophy auch Frauen teil. Louise Thaden gewann 1936 mit einer Beechcraft C-17 R Staggerwing, und zwei Jahre später war Jacqueline Cochran in einer Seversky SEV-S2 siegreich. Diese und andere Frauen gewannen nicht nur Rennen und setzten neue Geschwindigkeits-Rekorde, sondern öffneten durch ihre Leistungen auch das öffentliche Bewußtsein für die Gleichberechtigung der Geschlechter. Der bisherige Rekord bei den Rundstrecken-Rennen, aufgestellt im Jahre 1925 bei den Pulitzer-Rennen, fiel 1932 an Jimmy Doolittle, der ein faßförmiges Flugzeug namens Gee Bee Senior Sportster R-1 flog. Er gewann die Thompson Trophy mit einer Geschwindigkeit von 406,57 km/h [252,686 mph].

Eine weitere Kategorie wurde 1934 mit dem Beginn der Rennen um die Greve Trophy ins Leben gerufen. Dieser Wettbewerb wurde von Flugzeugen mit vergleichsweise kleinen Motoren von weniger als 9016,39 cm3 [550 in3] Hubraum bestritten. Eine Gruppe von Renn-Piloten, darunter bekannte Männer wie Harold Neumann, Steve Wittman und Art Chester zeichnet sich durch das Fliegen dieser "Kleinen" aus. Die meisten davon wurden von Motoren des Herstellers Menasco angetrieben. Der Gewinner dieser Klasse, Art Chester, erreichte in Cleveland eine Höchstgeschwindigkeit von 423,8 km/h [263,390 mph].

An jedem Wochenende des amerikanischen "Labour Day" zogen die Rennen um die Thompson Trophy die Aufmerksamkeit der Nation auf sich. Sie waren die Urgroßväter der heutigen Rundstrecken-Rennen. Von allen großen Piloten, die an diesen Rennen und den sie begleitenden Flugvorführungen teilnahmen, begeisterte niemand das Publikum so sehr wie der einzigartige Roscoe Turner.

Geboren als Sohn einer verarmten Landarbeiter-Familie im ländlichen Mississippi, war Turner seit seiner Kindheit mit einer natürlichen Begabung für alles Technische gesegnet. Nachdem er gegen Ende des Ersten Weltkrieges als Flieger bei der Armee gedient hatte, zog er als "Barnstormer" kreuz und quer durch die Vereinigten Staaten. Durch die vielen Stunden, die er in alten und klapprigen Flugzeugen verbracht hatte, erwarb er sich ausgezeichnete fliegerische Qualitäten, und so wurde Fliegen zu seiner zweiten Natur.

1994 wurde in der Umgebung von Phoenix, Arizona erstmals ein modernes Luftrennen ausgetragen. Mit diesen bunten Lackierungen machen die historischen Flugzeuge auf die jährliche Veranstaltung, genannt Phoenix 500 in Anlehnung an das berühmte Autorennen [die 500 Meilen von Indianapolis; Anm. des Übersetzers], aufmerksam. Seit 1995 fällt im Logo der Veranstaltung der Name des Hauptsponsors, eine Kaufhauskette für Haushaltswaren, auf. *(Phoenix, 1995)*

Seine Flugkünste wurden nur durch die einnehmende Art seiner Selbstdarstellung übertroffen. Zu den Luftrennen erschien er in einer maßgeschneiderten, militärähnlichen Uniform mit Koppel, Reithosen und polierten Stiefeln. Ein gewichster Schnurrbart verlieh seinem feinzügigen Gesicht und seinem breiten Grinsen Charakter.

Fred Crawford, ein Angestellter von Thompson Products und später Präsident der Firma für Flugzeugteile dieses Konzerns, erinnerte sich, daß Turner in dieser Zeit häufig verschuldet war. Bei einem der ersten Rennen in Cleveland tauchte ein Gerichtsvollzieher auf dem Flugplatz auf und wollte das Flugzeug des zukünftigen Champions pfänden. Ein redegewandter Mechaniker lenkte den Mann lange genug ab, so daß Roscoe in seinen Flieger klettern und an dem Rennen teilnehmen konnte. Er gewann, und mit dem Preisgeld löste er sein Flugzeug aus.

In der Öffentlichkeit trat Turner mit einem Löwen als Haustier auf und die Kameras der Wochenschau filmten seine schneidige Erscheinung. Er war zu einer überlebensgroßen Figur geworden und es schien, als seien die Luftrennen eigens für ihn erfunden worden. Die beste Besetzung Hollywoods hätte seine Rolle nicht besser spielen können. Roscoe war der einzige, der die Thompson Trophy dreimal gewann, und im Jahre 1938 errang er den letzten Geschwindigkeits-Rekord für Rundstrecken-Rennen der Vorkriegszeit mit einer Durchschnittsgeschwindigkeit von 456,02 km/h [283,419 mph].

1939, dem Jahr des letzten Rennens um die Thompson Trophy vor dem Zweiten Weltkrieg, wurde ein neuer Geschwindigkeits-Rekord auf der anderen Seite des Atlantik erzielt. Der Deutsche Fritz Wendel erreichte mit der Messerschmitt Me-209V-1 auf einer geraden Strecke von drei Kilometern Länge eine Geschwindigkeit von 754,97 km/h [469,22 mph]. Die deutsche Propaganda verbreitete daraufhin die falsche Nachricht, daß es sich bei diesem Flugzeug um eine modifizierte Bf-109, den neuen deutschen Standard-Jäger, handele und daß somit das Kriegsmaterial des Nazi-Regimes unschlagbar sei.

Dieser Rekord für Flugzeuge mit Kolbenmotor hatte 30 Jahre Bestand, bis er schließlich, am 16. August 1969, von dem großen amerikanischen Rennpiloten Darryl Greenamyer gebrochen wurde.

Er flog seine Grumman Bearcat Conquest I in vier Durchgängen über eine 3 km lange, gerade Strecke über der Edwards Air Force Base und setzte den neuen Rekord mit einer Durchschnittsgeschwindigkeit von 776,28 km/h [482,462 mph]. Seither haben einige Piloten noch höhere Geschwindigkeitsrekorde aufgestellt.

Nach dem Zweiten Weltkrieg nahmen die Luftrennen einen völlig anderen Charakter an. Das Strahltriebwerk übernahm die technologische Führung und ab da sollten nie wieder kolbenmotorgetriebene Flugzeuge um den Titel des schnellsten Flugzeuges der Welt konkurrieren.

Am Ende des Krieges hatten die propellergetriebenen Flugzeuge den Höhepunkt ihrer Entwicklung fast erreicht. Tatsächlich verhinderten die Gesetze der Physik, in Form der erst kurz zuvor entdeckten Kompressibilität der Luft, eine wesentliche Steigerung der Geschwindigkeiten. Als die Jagdflugzeuge des Zweiten Weltkriegs, wie die North American P-51 Mustang oder die Lockheed P-38 Lightning, die Schallgeschwindigkeit erreichten, waren sie kaum noch zu kontrollieren und brachen gelegentlich unter den Belastungen in der Luft auseinander. Das Durchbrechen der "Schallmauer" blieb der neuen Generation der strahlgetriebenen Flugzeuge vorbehalten. Bei den Maschinen mit Kolbenmotoren des Zweiten Weltkriegs hingegen wurde versucht die Geschwindigkeit durch eine kontinuierliche Entwicklung von Zelle und Triebwerk zu steigern.

Nichtsdestotrotz wurde ein paar Jahre nach dem Krieg jene große Tradition, die in Cleveland begann, fortgesetzt. 1946 wurden die Rennen um die Thompson Trophy wieder aufgenommen. Der Krieg hatte die Luftfahrttechnologie erheblich verbessert. Das letzte Rennen vor dem Krieg hatte Roscoe Turner in der Laird-Turner L-RT mit einer Geschwindigkeit von 454,60 km/h [282,536 mph] gewonnen. Sieben Jahre später belegte Alvin "Tex" Johnston mit einer Bell P-38Q-10 und einer Geschwindigkeit von 601,52 km/h [373,908 mph] den ersten Platz.

Es sah so als, als wenn die Begeisterung jener glücklichen Tage in den 30er Jahren wieder aufleben würde. Es gab ein ganz neues Teilnehmerfeld von Rennmaschinen, bestehend aus Jagdflugzeugen, die ihren Ruhm in Luftkämpfen über Europa oder dem fernen Pazifik begründet hatten und nun, mit auffallenden Lackierungen versehen, nach Cleveland kamen. Ein paar der altgedienten Rennflieger aus früheren Jahren, wie Steve Wittman und Earl Ortman waren auch wieder dabei und flogen jetzt diese ausgemusterten Maschinen.

In mancher Hinsicht wurde in dieser Zeit der Stil der heutigen Luftrennen geprägt. Ein bis heute unentschiedener Wettkampf begann zwischen den ehemaligen Jagdflugzeugen mit flüssigkeitsgekühlten Motoren und solchen mit luftgekühlten. Auf der einen Seite waren Airacobras, King Cobras, Mustangs, und Lightnings. Die andere Seite wurde damals noch ausschließlich

"Fly Fast, Fly Low, Turn Left". Dies ist der ebenso einfache, wie eingängige Slogan der Phoenix 500 Air Races. Während der Rennen ist dieser kernige Spruch überall zu sehen: auf T-Shirts, Kaffeetassen und sogar auf dem Presse-Bus. *(Phoenix, 1995)*

durch Corsairs vertreten. Die Höchstgeschwindigkeiten wurden ständig in die Höhe getrieben und 1949 erreichten sie fast 400 mph [643,6 km/h].

Ein beachtlicher Unterschied zu den Vorkriegsrennen bestand in der Tatsache, daß die Namen der Flugzeug-Hersteller nun Synonyme für große wirtschaftliche Unternehmen waren.

In den alten Zeiten war es üblich, daß die Flugzeuge von genialen Erfindern in gemieteten Hangars oder in Scheunen neben einem improvisierten Flugplatz gebaut wurden. Die Rennflugzeuge der 30er Jahre waren unverwechselbare Einzelstücke.

In der zweiten Hälfte der 40er Jahre hingegen waren die heißesten Maschinen in Serie produzierte Jagdflugzeuge. Einige davon waren für die Rennen stark verändert worden, aber das jeweilige Ausgangsmodell war in den Fabriken von Lockheed, North American, Curtiss, Vought, Grumman, Martin oder Douglas am Fließband produziert worden. Das Verbessern von bereits existierenden Mustern wurde ein Kennzeichen der Luftrennen in den Nachkriegsjahren.

1948 beschlossen der Unternehmer J. D. Reed und der talentierte Flugzeug-Konstrukteur Walter Beech, zusammen ein Jagdflugzeug für die Rennen in Cleveland zu modifizieren. Sie entschieden sich für eine der ersten Mustang-Baureihen, eine Version mit dem hohen Rumpfrücken, im Gegensatz zu den späteren mit der tropfenförmigen Rundumsicht-Haube. Sie hielten erstere für aerodynamisch günstiger und so wurde eine ausgemusterte P-51C erworben.

Mustangs aus der Serienproduktion hatten an der Rumpfunterseite große Kühllufteinlässe. Um den Widerstand zu reduzieren, den diese großen, in den Luftstrom hineinragenden Teile produzieren, wurde der zentrale Kühler entfernt und durch zwei sorgsam verkleidete Einheiten an den Tragflügelenden ersetzt. Dies war eine der umfangreicheren Änderungen zur Reduzierung des Widerstandes. Genannt Beguine nach dem damaligen Ohrwurm "Begin the Beguine", erhielt der schlanke Renner mit den seltsamen Verdickungen an den Flächenenden eine grüne Lackierung mit gelben Verzierungen in Form von Noten und Notenlinien. Diese

Die Atmosphäre der heutigen Luftrennen breitet sich von den Flugzeugen und ihren Piloten über den gesamten Sport aus. Die finanziell gut gestellten Rennteams der Unlimited Klasse lackieren ihre Ausrüstung in den bekannten Farben ihrer Rennställe. Vom Rare Bear-Team wird ein großer Sattelschlepper zum Transport von Mannschaft, Werkzeugen und der wichtigsten Ersatzteile benutzt. Wenn er nicht gerade durch den Himmel fegt, ist der Renner praktischerweise in der Nähe des LKW geparkt, wo Zange und Schraubenschlüssel in bequemer Reichweite sind. *(Reno, 1995)*

Als Überbleibsel aus früheren Jahren, als die Williams Air Force Base noch militärisch genutzt wurde, hat man einen "roten Teppich" auf das Vorfeld gemalt. Wo früher Amerikas beste Kampfflieger und Luftstrategen ihre Flugzeuge verließen und über den Asphalt schritten, werden heute die Zuschauer der Luftrennen begrüßt. Eine unauffällige Ehrung jener, die Luftfahrtgeschichte machten. *(Phoenix, 1995)*

Auf dem ehemaligen Luftwaffen-Stützpunkt Williams am südöstlichen Zipfel des Ballungszentrums Phoenix werden die Teilnehmer und Besucher der Phoenix 500 auf Schritt und Tritt an die Vergangenheit des Flugplatzes erinnert. Eröffnet zu Beginn des Zweiten Weltkrieges, wurde "Willie", wie er liebevoll genannt wurde, zum größten Ausbildungszentrum der US Air Force, wo zehntausende Flugschüler ihre begehrten Silver Wings [Flugzeugführer-Abzeichen] auf Flugzeugen wie der Cessna T-37 "Tweet" (links), oder der Northrop T-38 Talon (unten) erworben haben. Kürzungen des Militärhaushaltes führten 1993 zur Schließung des Stützpunktes. Heute heißt er Williams Gateway Airport und die Gemeinde versucht auf dem riesigen Gelände Gewerbe anzusiedeln. Die Trainingsflugzeuge auf den Sockeln stehen Wache vor dem ehemaligen Hauptquartier. *(Phoenix, 1995)*

Die 152. Aufklärungsgruppe der Nevada Air National Guard, bekannt unter dem Namen "High Rollers" machen einen Überflug zur offiziellen Eröffnung der Reno Air Races. Im Jahre 1948 wurde die Air National Guard auf dem damaligen Luftwaffen-Stützpunkt Reno gegründet. Heute werden auf demselben Platz, jetzt Reno Stead Airport genannt, alljährlich die Rennen ausgetragen. Schließlich zog die Nationalgarde an den größeren Verkehrsflughafen der Stadt, aber sie schaut immer gerne bei den Rennen vorbei, die auf dem Platz ihrer Gründung abgehalten werden. Zwanzig Jahre lang flogen die "High Rollers" die McDonnell Douglas RF-4C Phantom II, aber das Alter der Flugzeuge und notwendige Sparmaßnahmen führten zur Ausmusterung des Typs kurz nach den Reno Air Races des Jahres 1995. Heute fliegt die Einheit Feuerlösch-Einsätze mit Lockheed Martin C-130 Hercules Transportern. *(Reno, 1994)*

Kapitel 2
Show Time

Luftrennen gehen Hand in Hand mit Air Shows. Auch wenn sie es vielleicht abstreiten: Die Piloten der Rennflugzeuge sind ebenso Darsteller wie die Kunstflug-Piloten. Tatsächlich werden einige Piloten, wie Marvin "Lefty" Gardener, sowohl wegen ihrer unerschrockenen Tiefflüge bei den Rennen, wie für ihre eleganten Flugvorführungen geschätzt. Bereits zu den Anfängen in Cleveland wurde das Publikum durch Formationsflüge, Kunstflüge und den sogenannten "Wingwalkern" unterhalten.

Den Zuschauern der Luftrennen werden zwischen den Wettbewerben spektakuläre Flugvorführungen geboten. Die "Red Barons", bestehend aus vier Stearman Doppeldeckern aus dem Zweiten Weltkrieg, führen einen präzisen Looping in Formation durch. Jedes Flugzeug ist mit einem 450 PS starken Pratt & Whitney Motor und einem Verstellpropeller ausgerüstet. Ihr Sound ist Musik in den Ohren der Fans. In der Saison 1995 wurde das Führungsflugzeug von dem Kunstflieger-Veteran John Bowman pilotiert. *(Reno, 1995)*

Gelegentlich finden zwischen den Rennen unangekündigte Überflüge statt. Hier eine Rockwell B-1B Lancer. Die Schwenkflügel im schnellen Reiseflug ganz nach hinten geschwenkt, simuliert sie mit geöffneten Bombenschächten einen Angriff für das erschrockene Publikum. *(Reno, 1995)*

Delmar Benjamins wunderschön gebaute Replika der Gee Bee R-2 entführt die Zuschauer in die sagenhafte Zeit der 30er Jahre, als der mutige Pilot Jimmy Doolittle in einem der originalen Gee Bee Modellen bei den Rennen um die Thompson Trophy in Cleveland einen neuen Geschwindigkeits-Rekord aufstellte. Als meisterhafter Pilot treibt Delmar das dicke, an eine Hummel erinnernde Flugzeug an seine Leistungsgrenzen, wenn er, erst im Messerflug, dann auf dem Rücken, in wenigen Zentimetern Höhe über den Platz fliegt. *(Reno, 1995 & Reno, 1994)*

CAF

Die "Snowbirds" der kanadischen Luftstreitkräfte feierten 1995 ihren 25sten Geburtstag, indem sie ein paar Auftritte südlich der kanadischen Grenze machten. So erschienen sie mit ihren Canadair CT-114 Tutor Trainer auch in Reno. Die neun Flugzeuge bilden zunächst einen Diamanten (ihr Markenzeichen). Dann verlassen zwei Maschinen die Formation und zeigen Solo-Darbietungen, während die verbliebenen sieben Team-Kameraden elegante Formationsflüge vorführen. So fliegen die "Snowbirds" während einer halben Stunde ungefähr 50 Figuren. Unter dem Kommando von Major Steve Hill im Jahr 1995 war die Präzision der Vorführung unübertroffen.
(Reno, 1995)

Patty Anne war 1995 ein Teilnehmer am Gold-Rennen der Doppeldecker. Die Pitts Special wurde dabei von Michael Stubbs aus Yucalpa, Kalifornien geflogen. *(Reno, 1994)*

ABBILDUNG GEGENÜBERLIEGENDE SEITE:
Obwohl ihre Geschwindigkeit nicht halb so groß ist wie die der Schnellsten der Unlimited Class, sind die Rennen der Doppeldecker ebenso spannend. In packenden Zweikämpfen um eine gute Platzierung jagen sie in enger Formation um die Pylone. *(Reno, 1995)*

Die Klasse der Doppeldecker besteht hauptsächlich aus verschiedenen Modellen der Pitts Special. Diese sind eher bekannt für ihre hervorragenden Kunstflug-Eigenschaften, als für eine hohe Geschwindigkeit. Mit aerodynamischen Verbesserungen versehen erreichen einige dieser kleinen, wendigen Flugzeuge in hart umkämpften Rennen dennoch Geschwindigkeiten von annähernd 321,8 km/h. *(Reno, 1994)*

Kapitel 3
Die Doppeldecker

Nach einigen spektakulären Siegen bei den Rennen um die Bendix und die Thompson Trophy Mitte der dreißiger Jahre, verschwanden die Doppeldecker praktisch aus dem Renn-Zirkus. Mit der Weiterentwicklung der Luftfahrttechnologie übernahmen Flugzeuge aus Metall mit freitragenden Flügeln und geschlossenen Cockpits die Führung, während der Doppeldecker in Vergessenheit geriet. Der Zauber, der diese Flugzeuge umgibt, findet seine Fortsetzung in der Klasse der modernen Sport-Doppeldecker.

Ein Luftkampf von zwei Pitts Doppeldeckern. Vorne *Ole Yeller* geflogen von Ray Kraspovich aus Arvada, Colorado, dicht gefolgt von *Mr. Pitts*, gesteuert von Levin Scully, Flugkapitän bei den South Africa Airlines. Levin nahm in Reno 1995 zum ersten Mal an den Rennen teil und schnitt auf Anhieb überraschend gut ab.
Der Gewinner der Doppeldecker Klasse in Reno hieß 1995 Patti Johnson. Die Kunstfug-Lehrerin aus Edgewater, Florida gewann mit einer Geschwindigkeit von 325,22 km/h. 1993 wurde sie mit ihrer Mong *Full Tilt Boogie* die erste Frau, die die Meisterschaft in einer Rennklasse für sich entscheiden konnte. Damit setzte sie eine Tradition fort, die von Pilotinnen wie Laura Ingalls, Louise Thaden, Elinor Smith, Pancho Barnes, Jacqueline Cochrane und Amelia Earhart begonnen wurde. *(Reno, 1995)*

Manchmal zeugen die Namen der Rennmaschinen von ebensoviel Kreativität wie die Flugmanöver, mit denen die Piloten noch ein paar Sekunden aus ihnen herausholen wollen. Diese Pitts heißt *Moving Violation* [etwa: "fortgesetzte Geschwindigkeitsübertretung"; Anm. d. Übersetzers] und wird von B. L. "Mick" Richardson, einem Zahnarzt aus Auburn Kalifornien, geflogen. *(Reno, 1994)*

Kapitel 4
Klein aber schnell

Für die Rennflugzeuge der International Formula One Class ist der Antrieb durch ein Continental O-200 Triebwerk in den Wettbewerbsregeln vorgeschrieben. Diese kleinen, um nicht zu sagen winzigen, Rennflugzeuge sind daher ein ideales Experimentierfeld für aerodynamische Verbesserungen. In dieser Klasse finden sich daher die erstaunlichsten Formen und Konfigurationen. Moderne Verbundwerkstoffe werden zur Verringerung des Gewichts und zur Erhöhung der Festigkeit eingesetzt. Die Formula One ist eine Spielwiese für experimentierfreudige Konstrukteure.

In der Regel sind die Flugzeuge der Formula One Class schneller als die Doppeldecker. Offensichtlich ist der Widerstand aufgrund des fehlenden zweiten Flügels geringer, zudem werden hier in großem Umfang Neuerungen ausprobiert. Es ist üblich, daß man in dieser Klasse einige außergewöhnliche Entwürfe antrifft. Dieses Bild zeigt *Barbara Jean*, das Flugzeug von Kevin Kelly, einem Architekten aus Kalifornien, in Reno 1994. Im folgenden Jahr wurde das Seitenleitwerk unterhalb des Höhenruders vergrößert und das Flugzeug nach dieser Änderung *Barbara Jean 2* getauft. *(Reno, 1994)*

Auf diese Weise gelangen die Flugzeuge der Formel Eins zur Startbahn. Aus Sicherheitsgründen dürfen sie nicht mit eigener Kraft an den Abstellplätzen vorbeirollen. Dieses farbenfrohe Exemplar heißt *Spud Runner* und ist die Shoestring von Patrick Rediker aus Nampa, Idaho. Der türkisfarbene Lieferwagen, der hier als Zugfahrzeug dient, ist ein echter Klassiker. *(Reno, 1994)*

Die bekannte OR-71 *Alley Cat* von Ray Cote kam 1995 in Phoenix mit einer beeindruckenden Geschwindigkeit von 380,58 km/h auf den zweiten Platz. Obwohl sie auf der Rennstrecke Konkurrenten sind, verbindet die Teilnehmer in dem beengten Hangar eine einmalige Kameradschaft. Die Halle wird sowohl von der Formel Eins, wie auch der Doppeldecker-Klasse genutzt und keiner der Teilnehmer würde dem anderen seine Hilfe verweigern. Zwanglose Zusammenarbeit ist bei diesen Leuten an der Tagesordnung. *(Phoenix, 1995)*

Der Texaner Bruce Bohannon fliegt die frisierte Miller Special M-105 *Pushy Galore*. Bekannt als eines der besten Flugzeuge seiner Klasse, belegt sie in der Regel den zweiten oder dritten Platz bei den Gold-Rennen in Phoenix und Reno. *(Phoenix, 1995)*

George Budde aus Midwest City, Oklahoma, nennt seine Cassutt IIIM: "*Oakie Streaker*". Hier wird der kleine Renner in die morgendliche Sonne über der Williams Air Force Base geschoben. Dieses Flugzeug wurde 1995 Dritter im Silber-Rennen von Phoenix. *(Phoenix, 1995)*

Mit abgenommener Cockpit-Haube wird *Oakie Streaker* zurück in den Hangar geschleppt, nachdem er einige strapaziöse Minuten damit verbracht hat die Pylone zu umrunden. *(Reno, 1994)*

Mit dieser Cassutt, wie man sieht ein echtes Leichtgewicht, wird die einfachste Art des Transports vom Hangar zum Start demonstriert.
(Reno, 1995)

Die Cassutt *Silver BB* des ehemaligen Flugkapitäns Raymond Sherwood auf ihrem gemächlichen Weg zum Start. *(Reno, 1995)*

Nummer 4, die *Alley* Cat von *Ray Cote*, belegte im Gold-Rennen 1995 den vierten Platz. Obwohl der Kampf sehr anstrengend ist, macht das ganze eine Menge Spaß, wie an dem Lächeln hinter dem Visier zu erkennen ist. Diese in El Cajon, Kalifornien, beheimatete OR-71 erreichte in Reno 1995 eine Geschwindigkeit von 362,26 km/h. *(Reno, 1995)*

Die knallrote Cassutt *Scarlet Screamer* von Scotty Crandlemire an einem der Pylone. Der Blick des Piloten ist nach links auf die Wendemarke gerichtet, die er so nah wie möglich zu umfliegen versucht. Gerät er dabei auf die Innenseite der Streckenmarkierung, so erhält er eine Punktstrafe. *(Reno, 1995)*

GERONIMO
96

ABBILDUNG SEITE 31:
Katharine Gray, eine Fluglehrerin aus Fresno, Kalifornien, gehört zu der wachsenden Anzahl weiblicher Teilnehmer. 1995 platzierte sie sich mit einer Geschwindigkeit von 365,12 km/h in ihrer GR-7 *Geronimo* knapp hinter *Alley Cat*.
(Reno, 1995)

Ein weit verbreiteter Flugzeugtyp in der Formel Eins ist die Cassutt. Raymond Sherwood fliegt die *Silver BB* und sein kalifornischer Landsmann Rick Todd pilotiert *Knotty Boy*.
(Reno, 1995)

Ray Cote in *Alley Cat* ist gerade dabei Kevin Kelly in *Barbara Jean 2* zu überholen. Kevin behauptet, daß das ungewöhnliche Seitenruder seiner Eigen-Konstruktion bei einem Tiefdecker die Wendigkeit deutlich erhöhe. Die meisten Formel Eins Rennflugzeuge sind Mitteldecker mit konventionellem Kreuzleitwerk. 1995 nahm ein weiterer Entwurf von Kelly an den Wettbewerben teil. *Smiddy`s Firefly* wurde von Steve Myers geflogen und belegte auf Anhieb den ersten Platz des Silber-Rennens in Phoenix und den sechsten Platz des Gold-Rennens von Reno. *(Reno, 1995)*

Die beiden Pusher nahezu gleichauf in der letzten und entscheidenden Runde. Die leuchtend gelbe *Pushy Galore* führt vor der Miller Special JM-2 *Pushy Cat* von James Miller. Wenngleich selbst sehr schnell mit einer Geschwindigkeit von 373,93 km/h war *Pushy Galore* 1995 in Reno deutlich abgeschlagen auf dem zweiten Platz hinter *Nemesis*. *(Reno, 1995)*

Jon Sharp, ein Luftfahrtingenieur aus Lancaster, Kalifornien, ist seit langer Zeit der ungeschlagene Champion der Formula One. Seine Einzelanfertigung Sharp DR-90 *Nemesis* stellte mit einer Geschwindigkeit von 402,1 km/h einen neuen Rekord in dieser Klasse auf. Jon und sein Team scheinen dieses faszinierende Flugzeug mit jedem Jahr ein wenig zu verbessern. Vor der Rennsaison 1995 wurden die Lufteinläufe für Motor und Ölkühler optimiert, was die Leistungen weiter verbesserte. Dank dieser ständigen Neuerungen ist nicht abzusehen, wann die Vorherrschaft von *Nemesis* in dieser Klasse zu Ende gehen sollte.
(Reno, 1995)

Startnummer 7, *Yankee Air Pirate*, wurde 1995 in Reno von Tom "T. J." Dwelle jr. geflogen. Einer seiner Gegner war sein Vater, Tom Dwelle sr. in Nr. 30 *Archimedes*. Vater und Sohn schenkten sich nichts in ihren Zweikämpfen und am Ende belegte T. J. mit einer Geschwindigkeit von 327,75 km/h knapp den zweiten Platz vor seinem Vater mit 327,59 km/h im Bronze-Rennen der AT-6 Klasse. Vor dem Rennen hatte Tom sr. bei Arbeiten an seinem Unlimited Class Renner *Critical Mass* vier Finger verloren. Dank seiner unglaublichen Beharrlichkeit war er bereits drei Wochen später wieder in der Luft und bewies mit seinem guten Abschneiden in Reno eindrucksvoll den unbeugsamen Geist eines ehemaligen Jagdfliegers. *(Reno, 1995 & Reno, 1994)*

Kapitel 5

Groß und laut, die AT-6 Texan

Die AT-6 Klasse beschränkt sich auf Vertreter des kräftigen und lauten Trainers aus dem Zweiten Weltkrieg. Die Leistungen dieser Flugzeuge sind sich so ähnlich, daß ihre Rennen regelmäßig mit einem atemberaubenden Finale enden. Im Unterschied zu den kleineren Maschinen, deren Rennen, ähnlich wie im Automobil-Sport, auf dem Boden durch das Schwenken einer Startflagge gestartet werden, beginnen die der AT-6 und SNJ in der Luft. Nachdem sie sich in der Nähe des Kurses in einer Linie aufgereiht haben, wird das Rennen von einem Begleitflugzeug aus über Funk gestartet.

Der "Piloten-Macher" war ursprünglich nicht dafür gedacht Rennen zu fliegen. Gebaut während des Zweiten Weltkrieges, war die Texan (in den Staaten des Commonwealth bekannt unter dem Namen Harvard) das meist genutzte Flugzeug zur Fortgeschrittenen-Schulung. Nach der Grundausbildung auf den eher sanftmütigen Vultee Valiant, oder Boeing Stearman, setzte nahezu jeder Kadett sein Training auf diesem robusten, von der Armee mit AT-6 und der Marine mit SNJ bezeichneten, Produkt der Firma North American fort. Die Texan bot mehr Leistung durch ihren 600 PS starken Pratt & Whitney R-1340, aber auch komplexere Systeme wie Klappen, ein einziehbares Hauptfahrwerk und Funknavigationsgeräte. Man sagte damals, wenn ein Flugschüler dieses Flugzeug fliegen könne, so könne er alles fliegen. Die AT-6 war also tatsächlich ein "Piloten-Macher". *(Reno, 1995)*

Hier steht Warlock, die Siegerin der AT-6 Class von 1992 in Reno, auf ihrem Ehrenplatz, diesmal allerdings in ihrer Eigenschaft als schönste Teilnehmerin an diesem Wettbewerb. Sie gehört dem altgedienten Rennpiloten Alfred Goss, ein Sprühflieger aus Woodland, Kalifornien. Die Geschichte ihrer Renneinsätze ist unter dem Cockpit auf den Rumpf geschrieben. *(Reno, 1994)*

Für die ungefähr acht Minuten, die ein Rennen in Reno dauert, bedürfen die betagten Maschinen viele Stunden mühsamer Wartung. Zu diesem Zweck sind hier die Triebwerksverkleidungen von *Boomer* entfernt worden. Sein stolzer Besitzer Joe Hartung wurde mit ihm Dritter im Gold-Rennen 1994. *(Reno, 1995)*

Eine der am besten aussehenden AT-6 in Reno war 1995 *Four Play* von Linienpilot Bud Granley. Aus den vielen phantasievoll gestalteten Flugzeugen stach sie mit ihrer Kombination von poliertem Metall und der rot/gelben Farbgebung noch hervor.
(Reno, 1995)

Abbildung Seite 39 oben:
Hier gönnen sich Keith McMann aus Delta, British Columbia, und seine Harvard Mark IV (ein kanadischer Lizenzbau der AT-6) *Red Knight* ein Bad in der warmen Wüstensonne. Auf der Motorverkleidung ist ein roter Ritterhelm zu sehen.
(Reno, 1994)

Abbildung Seite 39 unten:
Über Jahre hinweg dominierten der ehemalige Rennpilot Eddie Van Fossen und seine *Miss TNT* die AT-6 Klasse. Sie gewannen gemeinsam sieben nationale Meisterschaften - ein bislang unerreichter Rekord - ehe sich Van Fossen aus dem Renngeschehen zurückzog. 1994 belegte einer seiner Herausforderer, Charles Hutchins, den zweiten Platz im Gold-Rennen mit einer Geschwindigkeit von 356,61 km/h. Hier zieht seine Mannschaft die blaue *Mystical Power* an den Start. *(Reno, 1994)*

Der texanische Zahnarzt Jim Bennett fliegt die bekannte *Tinker Toy*, mit der er 1995 Zweiter im Silber-Rennen von Reno wurde. *(Reno, 1995)*

ROYAL CANADIAN AIR FORCE
20264
64

CHARLES HUTCHINS
JOHN DARZNIEKS
JIM WOODFORD
21

1994 gab es eine Tragödie bei den National Air Racing Championships in Reno. Am Beginn des Silber-Rennens am 18. September, gerade als das Begleitflugzeug das Rennen freigegeben hatte, stießen zwei Flugzeuge zusammen. Vor einem entsetzten Publikum brachen die Maschinen in der Luft auseinander und fielen in Teilen auf den Boden der Wüste.

Anscheinend hatte das Heck von Ralph J. Twomblys Nr.41, *Miss Behavin`* die linke Tragfläche von Jerry McDonalds Renner Nr. 5, *Big Red* berührt. Teile vom Leitwerk der Nr. 41 brachen ab und das Flugzeug war nicht mehr zu steuern. Sie zog hoch und rollte über die Nr. 5 hinweg, wobei sie den äußeren linken Flügel verlor. Der Rest von Nr. 41, also die rechte Tragfläche und der Rumpf, drehte sich einige Mal um die eigene Achse, ehe er auf dem Boden aufschlug. Etliche Teile, darunter der linke Außenflügel segelten noch eine Weile wie Pappmaché durch die Luft. Am Boden wurde keiner verletzt.

Mit einer beeindruckenden fliegerischen Leistung brachte Jerry McDonald seine beschädigte Nr. 5 zum Reno Stead Airport zurück und landete dort ohne einen weiteren Zwischenfall. Das Flugzeug hatte das linke Querruder verloren und war an der linken Tragflächenspitze sowie am rechten Flügel beschädigt. Jerry war entschlossen trotz des Vorfalls weiter Rennen zu fliegen, und nachdem *Big Red* repariert worden war, kehrte er 1995 zurück und gewann das Silber-Rennen in Reno.

Leider verstarb bei diesem Unfall mit Ralph Twombly einer der größten Rennpiloten. Er hatte als Verkehrspilot mehr als 30000 Stunden Erfahrung und war seit 1969 regelmäßig Teilnehmer am Renn-Zirkus. Er hatte die AT-6 Meisterschaften 1977 und 1982 gewonnen und flog 1989 und 1990 außerdem in der Offenen Klasser. Ralph, aus Wellsville, New York, wurde 67 Jahre alt. Jene, die ihn bei den Wettbewerben gesehen hatten, wussten, daß der Himmel sein Element war. Als echter Flieger hinterließ er eine große Lücke und wird schmerzlich vermisst. *(Reno, 1994)*

Der AT-6 Gold Champion von 1994, Eddie Van Fossen aus Bakersfield, Kalifornien, in seiner *Miss TNT* an einer Wendemarke. Seine Geschwindigkeit war 361,55 km/h.
(Reno, 1994)

Den dritten Platz im Gold-Rennen von 1994 belegte Joe Hartung mit *Boomer* und einer Geschwindigkeit von 354,72 km/h. Hier kann man erkennen, wie er über das Instrumentenbrett den nächsten Pylon anpeilt. *(Reno, 1994)*

Jim Bennetts *Tinker Toy*, hier geflogen von Tom Dwelle jr., ist seit Jahren ein Favorit der Rennfans. Die sich abwechselnden schwarzen und weißen Streifen in der Nähe der Tragflächenwurzeln sollen an die Markierungen der alliierten Maschinen erinnern, die die während der Invasion in der Normandie trugen. *(Reno, 1994)*

Diese Texan, *Slo Yeller*, wird von Dorel Graves jr. geflogen. *(Reno, 1995)*

Mit neuer Lackierung für die Saison 1995 wurde Gene McNeelys *Undecided* mit einer Geschwindigkeit von 356,3 km/h Dritte im Gold-Rennen. *(Reno, 1995)*

Gelegentlich erscheinen Wolken am Himmel über dem Reno-Stead Airport, aber solange die Untergrenze nicht unter bestimmte Minima sinkt, werden die Rennen fortgesetzt. Diese Texan, *Killer Unit*, wird von Ralph Rina, einem Flugkapitän aus Kalifornien geflogen. *(Reno, 1995)*

In einer Steilkurve die Wendemarke umrundend, behauptet Al Goss` *Warlock* seinen Vorsprung. Mit einer Geschwindigkeit von 355,66 km/h sicherte sich die Nr. 75 den vierten Platz im Gold-Rennen von Reno 1995.
(Reno, 1995)

Kein Wunder, daß John Luther aus Bulverde, Texas sein Flugzeug *Texas Red* taufte. Im Gold-Rennen von Reno erreichte er damit 1995 den sechsten Platz bei einer Geschwindigkeit von 349,14 km/h. Was sich hier vom klaren Himmel über Reno abhebt, ist eine Texan in Vollendung.
(Reno, 1995)

Der Blick vom Fuß einer Wendemarke mit *Warlock* im Anflug. Mit dem Gashebel fast am Anschlag, den hämmernden Kolben des Neunzylinder Pratt & Whitney und den Propellerblattspitzen nahe an der Schallgeschwindigkeit. Die Wüste erbebt unter dem enormen Sound der tief fliegenden Rennmaschinen. *(Reno, 1995)*

Der Gewinner des Gold-Rennens in der AT-6 Klasse war 1995 der Texaner Charles Hutchins aus Seabrook. Mit *Mystical Power* erreichte er eine Geschwindigkeit von 372,37 km/h und überquerte die Ziellinie mit nur 0,21 Sekunden Vorsprung vor dem Zweitplatzierten. Die AT-6 Klasse sorgt häufig für atemberaubende Rennen, weil die Leistung der teilnehmenden Flugzeug gleich ist. Aus diesem Blickwinkel kann man die klaren Linien der AT-6 / SNJ gut erkennen. Obwohl ursprünglich nicht als Wettbewerbsflugzeug gedacht, sind die heutigen Rennen dieses Typs sehr spannend. *(Reno, 1995)*

Big Red und *Tinker Toy* im Zweikampf über der Wüste Nevadas. (Reno, 1995)

ABBILDUNG SEITE 49:
Eine andere Ansicht der Texan zeigt die freiliegenden Räder in eingezogenem Zustand. Viele Piloten der AT-6 / SNJ lackieren ihre Maschinen gerne nach historischen Vorbildern. Diese hier, mit Namen *Archimedes* trägt die Farben einer SNJ vom ehemaligen Marine-Stützpunkt Grosse Ile, Michigan. Er liegt auf einer Insel im Eriesee an der Mündung des Detroit River und ist heute ein Flugplatz für die zivile Luftfahrt. *(Reno, 1995)*

Auch die Piloten der Begleitflugzeuge können gelegentlich der Versuchung nicht widerstehen, nach dem Rennen eine Runde um den Kurs zu drehen. Diese Texan aus der Sammlung des Cavanaugh Flight Museum in Dallas fliegt noch einmal die Strecke ab um sicherzustellen, daß keine Nachzügler zurückgeblieben sind. *(Reno, 1995)*

NAVY
302
GROSSE ILE
NAVY
GROSSE ILE

Mit den kargen, allgegenwärtigen Bergen Nevadas als Hintergrund, kurvt ein Schwarm AT-6 / SNJ auf die erste Wendemarke ein. In Führung liegt *Mystical Power*, der Champion von 1995, dicht gefolgt von *Undecided, Four Play* und *Wyoming Wildcatter*. (Reno, 1995)

Vater und Sohn im harten Wettstreit. Tom Dwelle sr. in *Archimedes* ist soeben von Tom "T. J." Dwelle jr. auf *Yankee Air Pirate* überholt worden. Am Ende belegte "T. J." mit einer Geschwindigkeit von 327,75 km/h den zweiten Platz vor seinem Vater mit 327,59 km/h [203,600 mph] im Bronze-Rennen der AT-6 Klasse. Das war knapp! *(Reno, 1995)*

In einer solchen Situation sollte man als Pilot nicht niesen müssen! Hier versucht Gene McNeely seine Führung vor Bud Granley und James Good zu verteidigen. *(Reno, 1995)*

Dies sieht aus wie eine Übung im Formationsfliegen, und mit militärischen Abzeichen in einer anderen Zeit wird es wohl auch ähnlich ausgesehen haben. Im Moment sind diese beiden Piloten jedoch dabei um jeden Meter zu kämpfen. Am Ende hatte Wyoming Wildcatter die Nase vorn und belegte mit einer Geschwindigkeit von 351,72 km/h den fünften Platz im Gold-Rennen von 1995. *(Reno, 1995)*

Kapitel 6
Die Hubschrauber

Rennen auf Rundkursen mit Helikoptern sind eine relativ neue Idee, die erstmals bei den Phoenix 500 des Jahres 1995 in die Tat umgesetzt wurde. In eng geflogenen Kurven, wenn sie nahezu auf der Seite zu stehen scheinen, sehen sie aus wie Windmühlen. Wie bei ihren Verwandten mit Tragflächen dreht sich auch hier alles um Geschwindigkeit.

1995 gab es zum ersten Mal bei den Phoenix 500 ein Helikopterrennen auf einem Rundkurs. Angefangen hatte alles mit den Wettrennen zweier Hubschrauber-Piloten aus der näheren Umgebung. Daraus entwickelte sich eine offiziell anerkannte Rennklasse, an deren erstem Wettbewerb fünf erfahrene Piloten mit ihren MD-500 Hubschraubern teilnahmen. Der Teilnehmer mit der Nr. 3 Bad Attitude war Thomas Hauptman, der außerdem in der Formel Eins startet. *(Phoenix, 1995)*

Thomas Hauptman, auf Hawaii ein sehr bekannter Betreiber von Helikoptern, fegt um eine Wendemarke. *(Phoenix, 1995)*

Scott Urschel, der Besitzer der Firma Urschel Manufacturing Industries aus Scottsdale, Arizona, brachte diese MD-500C zu den Rennen mit. Der Fluglehrer Neil Jones aus Phoenix sollte damit an den Rennen teilnehmen. Zuvor war sie mit einer neuen 420 WPS starken Turbine ausgerüstet worden, die auch die Modellreihen D und E der MD-500 antreibt. Die ältere C-Serie unterscheidet sich äußerlich nur durch den vierblättrigen Hauptrotor von ihren Nachfolgern, deren Rotoren fünf Blätter haben. *(Phoenix, 1995)*

Nachdem sie auf eine sichere Entfernung zu den Abstellplätzen und Zuschauertribünen geschleppt worden sind, lassen die Hubschrauber die Motoren an und fliegen zu einem Sammelpunkt und erwarten den Start des Rennens aus dem Schwebeflug. Im Vordergrund ist Max Dillons Hubschrauber zu sehen, während Scott Urschel im Hintergrund schon abgehoben hat. Er fliegt eine Maschine des Typs MD-500N "Notar" (no tail rotor - ohne Heckrotor; Anm. des Übersetzers). Steuerung und Stabilisierung um die Hochachse erfolgt bei der MD-500N durch einen regelbaren, aus dem Heckausleger austretenden Luftstrom. *(Phoenix, 1995)*

Nach einer engen Wende gibt Mike Dillon Gas, während er gleichzeitig die Maschine gerade richtet und Kurs auf den nächsten Pylon nimmt.
(Phoenix, 1995)

Bei ängstlichen Gemütern kommt gelegentlich das Gefühl auf ihnen bliebe das Herz stehen, wenn sich die Maschinen so nahe kommen, daß sich ihre Rotoren zu berühren scheinen. Beim Anblick dieser Zweikämpfe werden Erinnerungen an das berühmte Wagenrennen in dem Film "Ben Hur" wach. Hier wird Thomas Hauptman von Mike Dillon um den Kurs gejagt. Tom gewann schließlich das Gold-Rennen mit einer Geschwindigkeit von 233,3 km/h. Ganz schön schnell für einen Hubschrauber auf einem Rundkurs. *(Phoenix, 1995)*

Kapitel 7
Groß und laut II

Die North American T-28 Trojan, ein Ausbildungsflugzeug der US Streitkräfte aus den 50er Jahren, nahm früher an den Rennen der Offenen Klasse teil, konnte aber nicht recht mithalten. Da bei den Phoenix 500 keine AT-6 Wettbewerbe stattfinden, nahmen die Organisatoren dies zum Anlaß eine neue Klasse eigens für diesen weit verbreiteten Flugzeugtyp zu schaffen.

Ähnlich der AT-6 Klasse wurde für die Phoenix 500 im Jahre 1995 eine neue Kategorie die T-28 geschaffen. Aus Gründen der Wettbewerbsfähigkeit dürfen nur Exemplare der B-Serie teilnehmen. Diese gehörten früher der Marine, während die A-Serie eine schwächere Variante für die Luftwaffe war. Die abgespeckte C-Serie fand Verwendung als Schulflugzeug auf Flugzeugträgern. *(Phoenix, 1995)*

Diese T-28 gehört Neil Anderson, einem früheren Jagdflieger des US Marine Corps und später Chef-Testpilot der Lockheed Martin Company in Fort Worth, Texas.
(Phoenix, 1995)

Die T-28 gehörten zu den letzten Flugzeugen mit Sternmotoren im Inventar der US Streitkräfte. Ursprünglich als Ausbildungsflugzeuge entworfen, wurden sie in Vietnam auch als Erdkampfflugzeuge eingesetzt. Diese T-28 wird von Boyce Thelen aus Loomis, Kalifornien geflogen. *(Phoenix, 1995)*

Dieses Flugzeug wurde von Bruce Wallace aus San Carlos, Kalifornien im ersten Rennen der T-28 Klasse eingesetzt. *(Phoenix, 1995)*

095
NAVY
NJ
VA122
95
NAVY

USAF

Bruce Wallis und seine T-28 im Anflug auf eine der Wendemarken. *(Phoenix, 1995)*

ABBILDUNG SEITE 60 OBEN:
Wegen ihres rasselnden Geräuschs werden T-28 gelegentlich auch Waschmaschinen genannt. Diese großen, schweren Maschinen mit ihren kräftigen Wright R-1820 Motoren von 1425 PS machen tatsächlich einen ziemlichen Radau am Himmel. *(Phoenix, 1995)*

ABBILDUNG SEITE 60 UNTEN:
Entstanden in den Jahren zwischen dem Zweiten Weltkrieg und der Einführung der ersten Trainer mit Propellerturbinen-Antrieb, liegt die Leistung der T-28 im Bereich der ihrer Vorgängerin, der AT-6. Die Geschwindigkeit des Siegers von Phoenix war 1995 mit 384,55 km/h nur um 8 mph höher wie die des Gewinners der AT-6 Klasse in Reno. *(Phoenix, 1995)*

Wie bei den Wettbewerben in der AT-6 Klasse, sind auch hier die Teilnehmer alle gleich ausgerüstet. Hier legen sie noch ein paar Kohlen nach im Kampf um die vorderen Plätze. Der Sieger im Gold Rennen wurde schließlich Jay Shower aus San Diego, Kalifornien mit *The Bear*. *(Phoenix, 1995)*

Ein ungewöhnlicher Anblick in der Wüste Nevadas: dieser ehemalige Trainer der Royal Air Force steht hier auf dem Vorfeld neben den Rennflugzeugen der Offenen Klasse. 1995 diente die Folland Gnat zum ersten Mal als Begleitflugzeug und zur Überwachung der Sicherheit bei den Luftrennen in Reno. Geflogen wurde sie abwechselnd von Skip Holm und Dean Cutshell. Der Mann auf dem hinteren Sitz war kein geringerer als der legendäre Robert R. A. "Bob" Hoover. Über viele Jahre hinweg flog Bob seine eigene P-51 *Ole Yeller* als Begleitflugzeug und verkündete die Startfreigabe mit dem berühmt gewordenen Satz: "Gentleman you have a race !" Da er vor einigen Jahren aus medizinischen Gründen seine Fluglizenz verloren hatte, konnte er diese Rolle danach nicht mehr übernehmen. 1995 gab man ihm jedoch die Ehre, das Rennen auf seine einmalige Art und Weise vom Rücksitz dieser Maschine aus zu starten.
(Reno, 1995)

Kapitel 8

Donnergrollen, die Offene Klasse

Die Unlimiteds am Himmel zu sehen ist ein herrlicher Anblick. Fast alle von ihnen stammen aus der Zeit des Zweiten Weltkrieges und fegen um die Wendemarken so schnell dies propellergetriebene Maschinen mit Kolbenmotor gerade eben können. Viele der alten Kriegsmaschinen sind mit geänderten Cockpit-Hauben, verkürzten Tragflächen, einem hocheffizienten Kühlsystem und leistungsgesteigerten Motoren ausgestattet. Von Zeit zu Zeit nehmen auch eigens für diese Klasse entworfene Maschinen wie *Tsunami*, oder *Pond Racer* an den Rennen teil. Diese fortschrittlichen Maschinen ließen auf neue Rekorde hoffen, gingen jedoch bislang durch Unfälle verloren.

Über die Jahre sind die Rekorde ständig gestiegen, manchmal in dramatischen Sprüngen, dann wieder in kleinen Schritten. Obwohl die Maschinen auf denselben Modellen basieren, die 1949 das letzte Rennen um die Thomson Trophy austrugen, konnte ihre Geschwindigkeit seit jener Zeit um ungefähr 112,63 km/h verbessert werden.

Der Besitzer dieser wunderschönen Lockheed P-38L Lightning mit dem Namen *White Lightnin`* dürfte wohl kaum abergläubisch sein. Tatsächlich beweist die Wahl der Nummer 13 eher, daß sie kein Unglück bringt, denn der beliebte Rennpilot Marvin "Left" Gardner begeistert das Publikum nicht nur in den Rennen, sondern auch durch die Eleganz seiner Kunstflug-Vorführungen während der Airshow in Reno. *(Reno, 1994)*

Während die Zuschauer schon wieder in den Kasinos von Reno sitzen, kümmern sich die Mannschaften hingebungsvoll um ihre wertvollen Flugzeuge. In den wenigen Minuten, die ein Rennen dauert, sammeln sich Staub, Schmutz und Öl an. Die Mechaniker sind bemüht während der Wartung keinen Tropfen auf die makellose Lackierung zu verschütten. *(Reno, 1994)*

Einer der auffallend bunten Teilnehmer ist dieses Exemplar einer Mustang der frühen Baureihen in der Farbe eines kandierten Apfels mit Namen *The Believer.* (Reno, 1994)

Diese riesige, stark modifizierte Hawker Sea Fury war früher unter dem Namen *Blind Man's Bluff* bekannt. Tom Dwelle sr. hat sie als *Critical Mass* nach umfangreichen Umbauten wieder in die Rennszene zurück gebracht. Ihr Anblick in der Wüste Nevadas hinterläßt einen einschüchternden Eindruck. (Reno, 1994)

Ein großer Möbelwagen ist mindestens notwendig um die Maschinen der Offenen Klasse zu versorgen. Dies ist die rollende Werkstatt der North Amercian P-51 Mustang *Huntress III*. Sie wird von dem Linienpiloten Robert Converse aus Santa Paula, Kalifornien geflogen. *(Reno, 1994)*

Nach ihrer Restauration sieht *Section Eight* wieder aus wie ein hochglanzpoliertes Relikt aus dem Zweiten Weltkrieg. Die schwarz-weißen Invasionsstreifen fehlen ebenso wenig wie die Abschußmarkierungen unter der Frontscheibe des Cockpits. Diese historischen Farbgebungen sind beliebt, da sie neben der Teilnahme an den Rennen auch Auftritte bei den vielen Airshows für restaurierte Kriegsmaschinen ermöglichen. *(Reno, 1994)*

Allgemein als das herausragende Jagdflugzeug des Zweiten Weltkriegs bekannt, besitzt die P-51 viele Eigenschaften, die sie bei den Piloten im Luftkampf beliebt gemacht hat. Sie hat eine große Reichweite, ist wendig, zuverlässig, schnell und hatte damals eine hohe Kampfkraft. Ihre majestätische Erscheinung hat bei Luftfahrtenthusiasten auf der ganzen Welt eine bleibende Erinnerung hinterlassen.
(Reno, 1994)

Die sagenhafte *Dago Red*, eine stark modifizierte P-51, war bereits einmal Siegerin der Offenen Klasse. Hier wird sie von Mitgliedern des Museum of Flying in Santa Monica, Kalifornien gewartet. *(Reno, 1994)*

Der vielbeachtete Zweikampf von Strega und Rare Bear war ein weiterer Beitrag zur Klärung der Frage, welche Konfiguration sich für Rennflugzeuge besser eignet: die schlanke Form mit einem flüssigkeitsgekühlten Reihenmotor, oder die eher dickliche Erscheinung einer Maschine mit einem luftgekühlten Sternmotor. Da die Resultate bei den Rennen hin und her pendeln, gibt es bis jetzt keine abschließende Antwort. Diese Aufnahme entstand, während Strega auf einen Vorlauf vorbereitet wurde. *(Reno, 1994)*

Die P-51 *Spirit of Phoenix* ist ein offizielles Begleitflugzeug bei den Phoenix 500 und wurde von der Superstition Racing Corporation (dem Veranstalter der Phoenix 500) eigens zu diesem Zweck vom Planes of Fame Museum in Chino, Kalifornien geleast. Im Jahr 1995 wurde sie von Kevin Eldridge geflogen, der bei den Wettbewerben im Vorjahr seine defekte *Super Corsair* mit dem Fallschirm verlassen mußte.
(Phoenix, 1995)

Unter den eher schrillen Lackierungen, die 1995 die Szene betraten, war auch diese auf Delbert Williams *Voodoo Chile*.
(Phoenix, 1995)

GENERAL AVIATION
76
GMC
CALIFORNIA
4Y58021
31
MPION

"MILLION DOLLAR BABY"
SACRAMENTO JAGUAR
ILLION DOLLAR BABY"
MUSTANG

Vermutlich der ungewöhnlichste Teilnehmer in der Offenen Klasse ist die P-51 von Don Whittington aus Florida. Sie ist mit einem Triebwerk vom Typ Rolls-Royce Griffon ausgerüstet der zwei gegensinnig drehende Propeller antreibt. Mit dieser Anordnung soll nicht nur die Motorleistung effizienter in Schub umgesetzt, sondern auch dem Torque-Effekt vorgebeugt werden. Der größere Griffon ersetzt den serienmäßig in der Mustang verwendeten Merlin. Wie man sieht, sind auch an der Zelle umfangreiche aerodynamische Modifikationen vorgenommen worden. *(Phoenix, 1995)*

VORHERGEHENDE SEITEN:
Art Vance jr. Ein Flugkapitän aus der kleinen Stadt Sebastopol in Kalifornien fliegt *Million Dollar Baby*. Der Name ist ein Hinweis auf die Tatsache, daß die Preise für erstklassige Rennflugzeuge gewaltig in die Höhe geschnellt sind [1948 konnte man ausgemusterte P-51 für 50 Dollar von der Air Force erwerben; Anm. d. Übersetzers]. Das Spielzeug im Vordergrund ist ein mit Rädern und einem Cockpit ausgestatteter Zusatztank mit dem passenden Namen *Half Million Dollar Baby*. *(Reno, 1995)*

Im Rahmen der Rennvorbereitungen wird die Kompression an Whittingtons Maschine geprüft. *(Reno, 1995)*

1995 teilten die Veranstalter der Phoenix 500 die Offene Klasse in zwei Abteilungen: "Pro" und "Vintage Stock". In der ersten fliegen die stark modifizierten Rennmaschinen, während die zweite den weitestgehend original erhaltenen Klassikern vorbehalten bleibt. Dank dieser Neuregelung treten nun annähernd gleichwertige Wettbewerber gegeneinander an, wodurch die Rennen an Spannung gewinnen. Diese Sea Fury *Incredible Universe* hat für die erste Austragung der Phoenix 500 im Jahres 1995 eine Sonderlackierung erhalten. Nelson Ezell gewann mit ihr das Stock Gold-Rennen. *(Phoenix, 1995)*

Die Hawker Sea Fury und die Grumman Bearcat stammen etwa aus derselben Zeit und waren die letzten Jagdflugzeuge mit Sternmotoren, ehe diese Kategorie von Flugzeugen mit Strahltriebwerken abgelöst wurde. Sie repräsentieren daher die höchste Entwicklungsstufe der Kolbenmotor-Jäger und sind die schnellsten in Serie gebauten Vertreter mit diesem Antrieb überhaupt. Kein Wunder also, daß sie heutzutage beliebte Rennflugzeuge sind. Die Lettern "HP" auf der Heckflosse dieser Sea Fury stehen für die Initialen des Besitzers Howard Pardue. *(Reno, 1995)*

Brian Sanders aus Hesperia, Kalifornien fliegt diese unspektakulär aussehende, aber schnelle Sea Fury. Die Serienmaschinen dieser Jäger aus den letzten Jahren des Zweiten Weltkriegs waren mit Bristol Centaurus 18 Triebwerken ausgerüstet. Da es für diese mit Schieberventilen gesteuerten Motoren kaum noch Ersatzteile gibt, werden viele Sea Furys heute auf amerikanische Motoren der Firmen Wright oder Pratt & Whitney umgerüstet. Auch die Möglichkeiten zur Leistungssteigerung sind bei diesen Triebwerken größer. *(Reno, 1994)*

Kaum ein Flugzeug erweckt in solchem Maße den Eindruck von purer Kraft wie die wuchtige Hawker Sea Fury. Diese hier gehört Sanders Aircraft. *(Reno, 1994)*

Vielleicht die bekannteste Sea Fury ist die ehemalige Siegerin im Gold-Rennen, *Dreadnought*. Die makellos instandgehaltene Maschine mit der Nr. 8 steht stets im Mittelpunkt des Interesses.
(Reno, 1994 & Phoenix, 1995)

Hier ein Beispiel für die ebenso altmodische wie schweißtreibende Art und Weise, in der die auf Hochglanz polierten Oberflächen entstehen.
(Reno, 1995)

Tom Camps *Mr. Awful* ist eine Yakowlew Yak-11 aus der ehemaligen Sowjetunion. Dieses Energiebündel mit den kurzen Flächen und dem dicken Rumpf weckt Erinnerungen an die Gee Bee Rennmaschinen der 30er Jahre. *(Reno, 1995)*

P
14
F8F-1
MARINES
NL14HP
14

Dank des Engagements von Howard Pardue ist Breckenridge, Texas ein Zentrum der Warbird-Szene geworden. Howard nimmt regelmäßig an den Rennen teil und ihre Entwicklung wäre ohne seinen Einsatz kaum so erfolgreich verlaufen. Auch seine Bearcat in der Lackierung des Marine Corps, die er in der ihm eigenen Neigung zur Untertreibung einfach Bearcat nennt, ist regelmäßig bei den Veranstaltungen zu sehen. Typisch für den Humor seiner Mannschaft ist der überlebensgroße Teddy-Bär auf der Harley-Davidson, oder im Cockpit der Bearcat. Gesteuert von Howard kam dieses Flugzeug mit einer Geschwindigkeit von 581,06 km/h auf den zweiten Platz im Silber-Rennen von Reno im Jahre 1995.
Phoenix, 1995 & Reno, 1994 & Reno, 1995)

Diese Republic P-47 Thunderbolt nahm mit Bob Hannah am Steuer an den Vintage Stock Rennen 1995 in Phoenix teil. *(Phoenix, 1995)*

Die rot-weiß-blaue *Miss America* wird hier gesteuert von Alan Preston, einem Piloten des Museum of Flying. Sie gewannen 1994 mit einer Geschwindigkeit von 665,76 km/h das Gold Rennen der Offenen Klasse in Reno. In diesem Jahr traten die Schnellsten der Offenen Klasse außerdem in einem speziellen Ausscheidungsrennen an, dem "Super Gold Shootout", bei dem Höchstgeschwindigkeiten von mehr als 712,79 km/h erreicht wurden. *(Reno, 1994)*

Der erste in der Meute hinter Don Whittingtons P-51 mit Griffon-Motor, dem späteren Sieger des Silber-Rennens in Reno 1995, war Howard Pardue auf *Bearcat*. Seine Geschwindigkeit betrug 581,06 km/h. *(Reno, 1995)*

Die Wolken, die während der ersten Ausscheidungskämpfe 1995 über Reno hinwegzogen, waren ein ungewohnter Anblick bei dieser Veranstaltung. *Bearcat* heult davon unbeeindruckt um den Kurs. *(Reno, 1995)*

Lyle Sheltons *Rare Bear* ist zur Zeit sicher die bekannteste Grumman Bearcat. Sie wird von dem ausgezeichneten Rennpiloten John Penney geflogen, der auf ihr 1994 in Reno das Ausscheidungsrennen mit einer Geschwindigkeit von 713,26 km/h gewann. Im darauffolgenden Jahr begann sie die Saison mit einem Sieg in der Unlimited "Pro" Klasse in Phoenix mit einer Geschwindigkeit von 713,39 km/h. In Reno wurde sie trotz einer hervorragenden Geschwindigkeit von 748,44 km/h [465,159 mph] überraschenderweise nur Zweite. Dabei verfehlte sie den ersten Platz um nur knappe zwei Sekunden hinter *Strega*. Die zahlreichen Veränderungen an dieser Bearcat bestehen unter anderem aus der Installation eines Wright R-3350 anstelle des serienmäßigen Pratt & Whitney R-2800 Triebwerks. Während die Serienmaschinen dieses Typs eine Leistung von 2400 PS hatten, beträgt die von Rare Bear 4000 PS . Es überrascht daher nicht, daß sich auch der Kraftstoffverbrauch nahezu verdoppelt hat. Der Propeller von *Rare Bear* ist von einer Lockheed P-3 Orion, einem viermotorigen Flugzeug zur U-Boot Abwehr. Dank der zahlreichen Modifikationen hält *Rare Bear* den Geschwindigkeitsrekord über einen 3 km Kurs für Flugzeuge mit Kolbenmotor, aufgestellt am 21. August 1989 in Las Vegas, New Mexico mit einer Geschwindigkeit von 850,08 km/h.

(Reno, 1994 & Reno, 1995)

John Crocker wurde 1994 Sechster im Silber-Rennen von Reno. Mit *Section Eight* erreichte er 476,17 km/h. Es gibt kaum ein angenehmeres Geräusch als das sonore Brummen eines Rolls-Royce Merlin. *(Reno, 1994)*

Robert Converse wurde auf seiner schön restaurierten P-51 *Huntress III* Dritter im Bronze-Rennen 1994 in Reno. *(Reno, 1994)*

Komischerweise fällt *Cottonmouth* dank ihrer braunen Tarnfarbe unter den farbenfrohen Rennflugzeugen besonders auf. 1995 in Phoenix flog Flugkapitän Bramwell Arnold aus Lemoore, Kalifornien das alte Jagdflugzeug. Er wurde Dritter im "Vintage Stock" Gold Rennen.
(Reno, 1994 & Phoenix, 1995)

John Herlehy aus Mt. Shasta, Kalifornien in einer steilen Linkskurve. Er wurde Siebter im Silber-Rennen von Reno 1994.
(Reno, 1994)

Glitzernd unter der kochenden Sonne Arizonas brüllt Jimmy Leewards *Cloud Dancer* um den Kurs. Von der Sonne aufgeheizt, bilden sich über dem heißen Wüstenboden aufsteigende Warmluftblasen. Obwohl sich erfahrene Rennpiloten längst an den holprigen Ritt durch diese Turbulenzen gewöhnt haben, gilt zur Sicherheit die Regel, daß die Spitzen der kurveninneren Flügel nicht unterhalb der Wendemarken geraten dürfen. Doch in einem harten Zweikampf werden auch die Höhenreserven voll ausgenutzt, wie hier von Jimmy bei den Phoenix 500, als er mit *Cloud Dancer* knapp an einem Pylon vorbeifegt. In Reno belegten die beiden mit 556,401 km/h den fünften Platz im Silber-Rennen. *(Phoenix, 1995)*

An einem Blitz auf der Rumpfseite ist *Lady Jo* zu erkennen - hier beim Silber-Rennen 1995 in Reno. Rob Patterson aus Corona, Kalifornien flog die Mustang auf den achten Platz. *Reno, 1995)*

Jetzt bekannt unter dem Namen *Voodoo Chile*, hieß diese P-51 Pegasus, als sie noch William A. "Bill" Speer jr. gehörte. Bill war ein bekannter Flugzeug-Restaurator. Er kam am 12. September in Reno bei einem Qualifikationslauf ums Leben, als bei *Deja Vu*, einer anderen Mustang, die Propellerverstellung versagte und austretendes Öl auf die Cockpitverglasung spritzte. In dieser Höhe hatte Bill ohne Sicht keine Chance.

Bei der Veranstaltung 1995 in Reno wurde eine Ehrenformation für ehemalige Mitglieder der Rennszene geflogen. Es war ein ergreifendes Requiem für die Leute, die soviel Anteil an der Entwicklung des Hochleistungsfluges haben. Obwohl sie von uns gegangen sind, werden sie nicht vergessen. Bill Speers Vermächtnis lebt weiter mit jedem Flug der Nr. 55 *Voodoo Chile*. Mit Bob Hannah am Steuer erreichte sie 1995 eine beeindruckende Geschwindigkeit von mehr als 643,6 km/h und wurde Fünfte im Gold-Rennen von Reno. *(Reno, 1995)*

Dago Red qualifiziert sich immer für die Gold-Rennen. Hier zieht er seine Kreise am Himmel von Reno, wo er 1995 Dritter wurde. David Price aus Santa Monica, Kalifornien trieb die stark modifizierte P-51 auf eine Geschwindigkeit von 722,66 km/h.
(Reno, 1995)

Dennis Sanders wurde mit dieser silbernen Sea Fury Sechster im Gold-Rennen von Reno 1994. Das mächtige Flugzeug verdeckt einen großen Teil des Himmels, wenn es im Tiefflug die Wendemarken umfliegt. *(Reno, 1994)*

Am 6. Juli 1995 verstarb der begnadete Konstrukteur Bruce J. Boland. Der 57jährige Diplom-Ingenieur für Luft- und Raumfahrt arbeitete in den geheimen "Skunk Works" von Lockheed. Hier war er Mitarbeiter bei einigen revolutionären Hochtechnologie-Projekten, wie der Mach 3 schnellen SR-71 Blackbird, oder dem F-117 Stealth Fighter. Mit dem Neubeginn der nationalen Luftrennen in den USA im Jahre 1964 stellte Bruce seine Kenntnisse und Erfahrungen vielen der sich neu formierenden Rennteams der Offenen Klasse zur Verfügung. Diesen Rennern galt sein spezielles Interesse und die Vielzahl der von ihm eingeführten Verbesserungen trugen dazu bei deren Leistungen weiter zu steigern.
Zum Zeitpunkt seines Todes war er mit der Entwicklung zweier neuer Wettbewerbsmaschinen für die Unlimited Class beschäftigt, der *Shock Wave* für Darryl Greenamyer und dem Cornell-Jackson Racer. Diese beiden radikalen Umbauten von bekannten Mustern der Rennszene sind der krönende Abschluß seines Schaffens. Bei seiner Beerdigung überflogen einige Rennpiloten die Feierlichkeiten in einer Ehrenformation. Einer von ihnen war Dennis Sanders, hier in seiner *Dreadnought*, einer jener Flugzeuge, die Bruce zu deutlich höherer Geschwindigkeit verholfen hatte. *Dreadnought*, die vollendete Renn-Fury, belegte 1995 in Phoenix den zweiten Platz bei den "Pro"-Wettbewerben der Offenen Klasse mit Dennis Sanders am Steuer.
(Phoenix, 1995)

Howard Pardue wird meistens mit seiner *Bearcat* in Verbindung gebracht, da er mit ihr regelmäßig auf Airshows zu sehen ist. Doch er fliegt auch diese Sea Fury, wie bei ihm üblich einfach *Fury* genannt. Sie ist schneller als seine Bearcat und wurde Siebte im Gold-Rennen 1995 in Reno mit einer Geschwindigkeit von 626,12 km/h. *(Reno, 1995)*

Nelson Ezell ist der Sieger im ersten Phoenix "Vintage Stock" Gold-Rennen der Offenen Klasse. Mit seiner Sea Fury Incredible Universe erreichte er eine Geschwindigkeit von 518,93 km/h. *(Phoenix, 1995)*

Leider ist diese P-38 Lightning die einzige, die noch an Luftrennen teilnimmt. Von diesem mittlerweile seltenen Jagdflugzeug aus dem Zweiten Weltkrieg, sind weltweit nur noch rund ein halbes Dutzend flugtauglich. Bei ihrer Einführung in die damalige US Army Air Force hielt man diese Maschine für revolutionär. Die Konfiguration mit einem Doppelleitwerk stammt von dem bekannten Lockheed Chefkonstrukteur Clarence "Kelly" Johnson. Auf diese Weise konnte die Bewaffnung in der Spitze des Rumpfes untergebracht werden, was das Zielen im Luftkampf wesentlich erleichterte. Die beiden in entgegengesetzter Richtung drehenden Propeller eliminieren zudem den Torque-Effekt (dies ist die Bezeichnung für die Tendenz eines Flugzeugs entgegen den umlaufenden Propeller zu drehen). Obwohl die P-38 von zwei 1425 PS starken Allison V-12 Triebwerken angetrieben wird, ist sie aufgrund ihrer Größe nicht als ausgesprochene Rennmaschine bekannt geworden. Im Gegensatz zu allen anderen Jagdflugzeugen hat sie anstelle des üblichen Knüppels ein Steuerrad, hier in der linken Hand von "Lefty" Gardener zu sehen. *White Lightnin`* erreichte 1995 in Phoenix einen hervorragenden zweiten Platz im "Vintage Stock" Gold Rennen. *(Phoenix, 1995)*

Die Curtiss P-40 war bereits zu Beginn des Zweiten Weltkrieges veraltet und hat auch heute keine Chance in der offenen Klasse. Amerikanische Piloten, insbesondere jene der berühmten Flying Tigers, holten das Beste aus diesem alten Krieger heraus und hatten dank überlegener Taktik, ihrem hervorragenden fliegerischen Können und reinem Mut einigen Erfolg zu Beginn des Krieges. Diese Maschine der Modellreihe N mit Namen *Spud Lag* bildete das Schlußlicht in Reno 1995. *(Reno, 1995)*

Eine Möglichkeit dem Torque-Effekt vorzubeugen ist hier an der Maschine von Don Whittington zu sehen. Diese modifizierte P-51 ist mit einem Rolls-Royce Griffon Triebwerk und zwei gegensinnig drehenden Propellern ausgerüstet. Dieses hervorragende Rennflugzeug gewann das "Pro" Silber-Rennen in Phoenix 1995 mit einer Geschwindigkeit von 614,22 km/h und das Silber-Rennen in Reno im selben Jahr. Don Whittington hat auf den Sieg in Reno verzichtet und durfte anstelle dessen am Gold-Rennen teilnehmen. Dabei wurde er Sechster mit einer Geschwindigkeit von 628,24 km/h. In der Offenen Klasse müssen die Flugzeuge ständig verbessert werden, damit die Veranstaltungen nicht zu einem langweiligen Aufguß des Vorjahres werden. *(Reno, 1995 & Phoenix, 1995)*

Tom Camps Yakowlew Yak-11 *Mr. Awful* gehört zu den bunteren Vertretern der Offenen Klasse. Als der Eiserne Vorhang fiel, kamen viele der zuvor unerreichbaren Flugzeuge auf den westlichen Markt. Die Yak-11, ein Fortgeschrittenen-Ausbildungsflugzeug aus den Nachkriegsjahren, konnte mit geringem Aufwand an westliche Standards angepaßt werden. Einige wurden mit stärkeren Motoren ausgerüstet und bereichern nun die Rennsport-Szene. *(Reno, 1995)*

Obwohl er für die ehemaligen Jagdflugzeuge kein wirklicher Gegner ist, wurde diese North American T-28 Trojan in den Ausscheidungsrennen für die Offene Klasse in Reno geflogen. Sie gehört Neil Anderson, einem Manager bei Lockheed Martin in Fort Worth, Texas. Neil hat eine beachtliche Karriere als Militär-Pilot und später als Testpilot für strahlgetriebene Jagdflugzeuge bei Lockheed gemacht. Ihm muß es wie eine Reise in Zeitlupe vorkommen, wenn er anstelle der Mach 2 schnellen F-16 in der T-28 fliegt. Trotzdem verlangt auch dieses Flugzeug Respekt und ein hohes Maß an fliegerischem Können. *(Reno, 1994)*

Die stark modifizierte Sea Fury *Critical Mass* verkörpert pure Kraft. Sie ist nicht nur eine beeindruckende Erscheinung, sondern verspricht auch für die Zukunft ein gewaltiges Entwicklungspotential. 1994 wurde sie im Gold-Rennen der Offenen Klasse Fünfte, mit einer Geschwindigkeit von 630,94 km/h. *(Reno, 1994)*

Das Museum of Flying in Santa Monica, Kalifornien, restauriert alte Maschinen aus der Zeit des Zweiten Weltkriegs und erhält so einen Teil der Luftfahrtgeschichte am Leben. Nach Möglichkeit werden die Flugzeuge in flugfähigen Zustand versetzt und von Zeit zu Zeit auch bei Rennen eingesetzt. Diese Republic P-47 Thunderbolt nahm 1995 in Phoenix an den Rennen der "Vintage Stock" Klasse teil.
(Phoenix, 1995)

Dies ist die makellos restaurierte Spitfire Mk XIV des Museum of Flying während eines "Vintage Stock" Rennens in Phoenix 1995. Flugzeuge dieses Typs sind ein sehr seltener Anblick bei den Rennen. *(Phoenix, 1995)*

Aufgenommen in einer anderen Zeit und an einem anderen Ort, könnte dieses Bild eine Aufnahme von zwei Jagdflugzeugen bei einem Einsatz über Frankreich sein. Diese hier sind jedoch in einer friedlichen Mission bei den Phoenix 500 im Jahre 1995 unterwegs. Die Mustang im Hintergrund, *Million Dollar Baby* kam mit Art Vance jr. auf den dritten Platz. *(Phoenix, 1995)*

Dies sind *Cloud Dancer*, geflogen von Jimmy Leeward aus Ocala, Florida und *Section Eight* mit Joe Cenarrusa aus Boise, Idaho.
(Reno, 1995)

In gewisser Weise fliegt Howard Pardue hier gegen sich selbst, da sowohl die Bearcat als auch die Sea Fury ihm gehören. In diesem Vorlauf bei den Phoenix 500 des Jahres 1995 gab es für beide keine Schonung.
(Phoenix, 1995)

Flugkapitän Stu Eberhardt in seiner Mustang Merlin`s Magic und sein Kollege Lloyd Hamilton in der Sea Fury *Baby Gorilla* 1994 beim Duell in Reno. *(Reno, 1994)*

Sneak Attack, eine P-40-E, trägt das berühmte Haifischmaul am Kühllufteinlaß. Dieses Kennzeichen wurde bekannt durch die Flying Tigers. Die vergleichsweise langsame Warhawk wurde bald darauf von den anderen Rennern der Offenen Klasse überholt. *(Reno, 1995)*

Im Silber-Rennen von Reno 1995 kam Don Crowe aus Delta, British Columbia knapp hinter Howard Pardue in seiner Bearcat auf den dritten Platz. Mit seiner Sea Fury Simply Magnificent erreicht er dabei eine Geschwindigkeit von 569,43 km/h. *(Reno, 1995)*

Kapitel 9
Piloten und Mannschaften

In den Pausen zwischen den Läufen sind Piloten und Mannschaften eifrig an ihren Flugzeugen beschäftigt. Stets dreht sich alles darum, den hochgezüchteten Rennern noch ein Quentchen mehr Leistung abzuringen.

Jedes Team drückt seinem Flugzeug seinen eigenen Stempel auf, während der Pilot seine Persönlichkeit durch seinen Flugstil zum Ausdruck bringt. Die einen jagen im Tiefflug um den Kurs, während die anderen an jeder Wendemarke in einem engen Turn nach oben ziehen und die so gewonnene Höhe auf der nächsten Gerade wieder in Geschwindigkeit umsetzen.

Die engagierten Mechaniker verbringen ungezählte Stunden in den Hangars und in den Boxen an der Rennstrecke, um die Maschinen für die wenigen entscheidenden Minuten in der Luft in optimalen Zustand zu versetzen. Der Leistung dieser Spezialisten in ihren ölverschmierten Overalls ist es angemessen, daß sie bei der Siegerehrung mit auf der Bühne stehen.

Erleuchtet von der abendlichen Sonne Renos, steht *Dago Red* im "winner circle". Dies ist ein ausschließlich den Siegern der einzelnen Klassen vorbehaltener Platz auf dem Vorfeld. Diesmal erreichte er mit 722,66 km/h [449,137 mph] den dritten Platz. Bei den Zuschauern ist diese P-51 des Museums of Flying in Santa Monica, Kalifornien eine der Favoritinnen. *(Reno, 1995)*

Sie ist das schnellste Flugzeug mit Kolbenmotor, das je gebaut wurde, aber 1995 in Reno wurde sie mit wenigen Sekunden Rückstand nur knapp Zweite hinter *Strega*. Hier wird *Rare Bear* nach dem entscheidenden Rennen zurück an ihren Parkplatz geschleppt. Vielleicht ist sie ja im nächsten Jahr wieder vorne.
(Reno, 1995)

Hier sonnt sich *Strega*, die Siegerin von 1995, in der Bewunderung der Zuschauer. Ihre Geschwindigkeit von 751,45 km/h ist die dritthöchste, die je von einem Champion in Reno erreicht wurde. *(Reno, 1995)*

Der Pilot von *Strega*, Bill "Tiger" Destefani, empfängt, noch mit seiner feuerfesten Fliegerkombi bekleidet, die Trophäe für den Sieg in der Offenen Klasse bei den National Air Races 1995 in Reno. Die Organisatoren und ein Reporter des Sportsenders ESPN nehmen die Verleihung kurz nach dem Rennen vor. *(Reno, 1995)*

David Price und seine Mannschaft vor ihrem Flugzeug *Dago Red*. Bei einem solch starken Teilnehmerfeld ist ein dritter Platz genug Grund für ein Lächeln. *(Reno, 1995)*

Rare Bear kann sich als Sieger des Gold-Rennens in der Offenen Klasse 1994 über einen Mangel an Popularität nicht beklagen. Sein Pilot Joe Penney wurde bereits von Presseleuten umlagert, kaum daß er nach seinem Sieg aus dem Cockpit geklettert war. *(Reno, 1994)*

Dies ist Lyle Shelton, der Besitzer von *Rare Bear*, dem Zweitplazierten von 1995. Während er Autogramme an Gratulanten gab, konnte man ihn mit einem Lächeln auf den Lippen sagen hören, daß sein Flugzeug für die Rennen im nächsten Jahr wohl noch etwas mehr Leistung brauche.
(Reno, 1995)

Ein glücklicher Tiger Destefani und seine stolze Mannschaft. Der knappe Vorsprung vor dem Zweitplatzierten machte diesen Sieg für das Team von *Strega* besonders wertvoll.
(Reno, 1995)

Ein Luftrennen ohne den legendären Rober R. A. "Bob" Hoover wäre unvorstellbar. Wenn der Mann in Strohhut und grün gestreiftem Overall spricht, ist ihm die Aufmerksamkeit der Piloten und Presseleute sicher. Ein paar Wochen nachdem dieses Foto 1995 in Reno gemacht wurde, bekam Bob sein fliegerärztliches Gesundheitszeugnis zurück. Es war ihm zweieinhalb Jahre zuvor mit sehr zweifelhafter Begründung entzogen worden. Während dieser Zwangspause erwarb er ein entsprechendes Dokument in Australien und flog derweil in Ländern, die dieses Zeugnis anerkennen. Man beachte die Australische Flagge auf der Schulter seiner Fliegerkombi. *(Reno, 1995)*

Piloten scheinen sich nicht mitteilen zu können ohne dabei die Hände zur Hilfe zu nehmen. Das gilt sogar für die Besten, wie hier David Price. Noch aufgeregt nach einem spannenden Rennen mit *Dago Red* schildert er hier eine Rennszene.
(Reno, 1995)

Delmar und Linda Benjamin haben auf vielen Airshows unzählige Zuschauer in den gesamten Vereinigten Staaten unterhalten. Die Gee Bee R-2, die Delmar dabei fliegt, ist ein exzellenter Nachbau der Rennflugzeuge, die in den 30er Jahren in der Werkstatt der Gebrüder Granville gebaut wurden. Delmars Qualitäten als Kunstflieger sind kaum zu überbieten. Es wundert daher nicht, daß Fans auch dann auf einem Autogramm bestehen, wenn gerade mal kein Papier zur Hand ist.
(Reno, 1995)

Auch wenn sie nicht so sehr im Rampenlicht stehen wie ihre Kollegen in der Offenen Klasse, so sind die Piloten und Mannschaften der langsameren Maschinen doch ebenso engagiert. Nachdem das letzte Rennen des Tages vorbei ist, treffen sich die Männer und Frauen in den Hangars oder der Boxengasse zu einem zwanglosen Zusammensein. Dann werden Ideen zur Steigerung der Leistung im nächsten Jahr ausgetüftelt. Alfred Goss, ehemaliger Sieger in der AT-6 Klasse und Besitzer von Warlock, steht hier nach dem Rennen bei seinem Team. Er ist der vierte von links in der hinteren Reihe. *(Reno, 1995)*

Einer der alten Hasen der Rennszene, Alan Preston aus Pacific Palisades, Kalifornien erklärt Rennmanöver - natürlich auch mit den Händen.
(Reno, 1995)

Obwohl er 1995 in Reno nicht gewinnen konnte, sieht man Al Goss doch an, daß er glücklich ist seiner Lieblingsbeschäftigung nachgehen zu können. *(Reno, 1995)*